建筑给水排水管道及设备安装

主　编　马祥华　刘　庆　苏　军
副主编　陆姗山　韩洪彬　黄远波
主　审　张　金　陈大鉴

北京理工大学出版社
BEIJING INSTITUTE OF TECHNOLOGY PRESS

内容简介

本书根据职业院校给水排水工程施工与运行专业教学标准，以项目-任务模式编写，系统地介绍了给水排水管道及设备安装操作技术和安装要求，共包括3个项目17个任务。其中，项目一为建筑给水管道及设备安装，项目二为建筑排水管道及设备安装，项目三为建筑给水排水工程质量验收。本书内容新颖，语言通俗易懂，理论与实践结合，便于学生理解与掌握。

本书既可作为职业院校给水排水工程施工与运行专业的教材，又可作为相关从业人员的培训教材和参考用书。

图书在版编目(CIP)数据

建筑给水排水管道及设备安装 / 马祥华，刘庆，苏军主编. -- 北京：北京理工大学出版社，2022.8(2022.9重印)

ISBN 978-7-5763-1355-0

Ⅰ. ①建… Ⅱ. ①马… ②苏… ③刘… Ⅲ. ①房屋建筑设备-给水管道-设备安装②房屋建筑设备-排水管道-设备安装 Ⅳ. ①TU821.2②TU823.2

中国版本图书馆CIP数据核字(2022)第094421号

出版发行 / 北京理工大学出版社有限责任公司
社　　址 / 北京市海淀区中关村南大街5号
邮　　编 / 100081
电　　话 / (010)68914775(总编室)
(010)82562903(教材售后服务热线)
(010)68944723(其他图书服务热线)
网　　址 / http://www.bitpress.com.cn
经　　销 / 全国各地新华书店
印　　刷 / 定州市新华印刷有限公司
开　　本 / 889毫米×1194毫米　1/16
印　　张 / 11
字　　数 / 232千字
版　　次 / 2022年8月第1版　2022年9月第2次印刷
定　　价 / 31.00元

责任编辑 / 张荣君
文案编辑 / 张荣君
责任校对 / 周瑞红
责任印制 / 边心超

前言

FOREWORD

随着国民经济的发展，人民的生活水平不断提高，对建筑环境的要求也越来越高。作为建筑设备安装工程之一，建筑给水排水系统的重要性可见一斑。本书是为了适应这种需求，为职业院校给水排水工程施工与运行专业的“建筑给水排水管道及设备安装”课程开发的教材。

“建筑给水排水管道及设备安装”课程是给水排水工程施工与运行专业的一门专业核心课程。学习本课程前，学生应具备建筑给水排水的基础知识，通过本课程的学习，学生应学会正确使用机具进行管道的加工、连接及安装，掌握安全操作要领；熟悉建筑给水排水系统的分类和组成，了解常用管材、附件和辅材；配合土建施工，掌握给水排水系统的安装方法，能进行给水排水管道及设备的安装；了解给水排水系统安装常见质量通病及防治方法，会进行建筑给水排水系统质量检查与验收，会填写给水排水工程竣工验收、施工过程记录等资料。

本课程旨在培养学生的学习兴趣，逐渐提高其创新精神、实践能力，以及工匠精神；培养学生运用所学知识与技能解决给水排水管道与设备安装中相关实际问题的能力，以及安全生产、节能环保和产品质量等职业意识，使其养成良好的工作方法、工作作风和职业道德，为后续“给水排水工程施工组织与管理”“水质检测与分析”“建筑与安装工程造价”“给水处理与运行”“污水处理与运行”等课程的学习及未来的职业生涯打下坚实的基础。

本书的开发遵循设计导向的职业教育思想，以职业能力和职业素养培养为重点，根据行业岗位需求、给水排水工程施工与运行专业的人才培养目标和“建筑给水排水管道及设备安装”课程的教学大纲选取教材内容，根据工作过程系统化的原则设计学习任务，依据人的职业成长规律编排教材内容。

本书采用工学结合的一体化课程模式，采用行动导向教学方法，采用项目引领、任务驱动的编写模式，以“任务”为主线，将“知识学习、职业能力训练和综合素质培养”贯穿于教学全过程的一体化教学模式，让学生在技能训练过程中加深对专业知识、技能的理解和应用，培养学生的综合职业技能，全面体现职业教育的新理念。

第一，以“做”为中心，“教学做”深度融合。教材按照“以学生为中心，学习成果为导向、促进自主学习”思路进行教材开发设计，弱化“教学材料”的特征，强化“学习资料”的功能，将“以各工作岗位任职要求、职业标准、工作过程或产品”作为教材主体内容，将相关理论知识点分解到工作任务中，便于运用“工学结合”“做中学”“学中做”和“做中教”教学模式，体现“教学做合一”理念。

第二，编写体例、形式和内容适合职业教育特点。教材结构设计符合学生认知规律，采席模块化设计，以“任务”为驱动，强调“理实一体、学做合一”，更加突出实践性，力求实现情境化教学。教材共分 3 个项目，下设学习目标、思维导图，激发学生的学习兴趣，明确学习的目标。

第三，实现教学资源共建共享，发挥“互联网+教材”的优势。教材配备视频资源，使学生可获得在线的数字课程资源支持。同时提供配套教学课件、教学设计等供任课教师使用。新形态一体化教材便于学生即时学习和个性化学习，有助于教师借此创新教学模式。

本书由马祥华、刘庆、苏军担任主编，陆姗山、韩洪彬、黄远波担任副主编，张金、陈大鉴担任主审。其中，项目一由马祥华、苏军、陆姗山编写，项目二由刘庆编写，项目三由韩洪彬编写，附录部分由黄远波收集整理。全书由马祥华统稿。

编者在编写本书的过程中得到了众多同行的支持与帮助，在此向他们表示衷心的感谢！

由于编者水平有限，加上实践经验不足，书中难免存在缺点和不足之处，恳请广大读者批评指正！

编　者

目录

CONTENTS

项目一　建筑给水管道及设备安装 …… 1

任务一　了解建筑给水系统基本知识 …… 3
任务二　建筑内部给水管道安装 …… 16
任务三　室内消火栓给水系统安装 …… 32
任务四　自动喷水灭火系统安装 …… 36
任务五　建筑内部热水供应系统安装 …… 53
任务六　室外给水管网安装 …… 56
任务七　离心式水泵安装 …… 69
任务八　阀门及水箱安装 …… 76
任务九　管道支架安装 …… 79
任务十　管道及设备的防腐与保温 …… 83
项目小结 …… 87
项目评价 …… 88
复习思考题 …… 89

项目二　建筑排水管道及设备安装 …… 90

任务一　了解排水系统基本知识 …… 91
任务二　排水管道的布置与敷设 …… 95
任务三　建筑内部排水管道安装 …… 98
任务四　室外排水管道安装 …… 104
任务五　卫生器具安装 …… 108
项目小结 …… 123
项目评价 …… 123

复习思考题……124

项目三 建筑给水排水工程质量验收……125

任务一 建筑给水工程质量验收……126
任务二 建筑排水工程质量验收……130
项目小结……132
项目评价……132
复习思考题……133

附 录……134

附录A 检验批质量验收……134
附录B 分项工程质量验收……135
附录C (子)分部工程质量验收……136
附录D 建筑给水排水及采暖(分部)工程质量验收……137
附录E 一般项目正常检验一次、二次抽样判定……138
附录F 检验批质量验收记录……139
附录G 分项工程质量验收记录……140
附录H 图纸会审记录……141
附录I 设计变更……142
附录J 洽商记录……143
附录K 合格证、检(试)验报告汇总……144
附录L 设备进场验收记录……145
附录M 管道、设备强度及严密性试验记录……146
附录N 阀门强度及严密性试验记录……147
附录O 设备隐蔽工程验收记录……148
附录P 系统清洗试验记录……149
附录Q 设备专业施工日志……150
附录R 给水管道通水试验记录……151
附录S 消防管道压力试验记录……152
附录T (子)分部工程质量验收记录……153

附录 U　单位工程质量竣工验收记录…………………………………………………………………154
附录 V　灌水试验记录…………………………………………………………………………………162
附录 W　排水管道通水试验记录 ………………………………………………………………………163
附录 X　排水管道通球试验记录…………………………………………………………………………164
附录 Y　卫生器具满水试验记录…………………………………………………………………………165
附录 Z　排水干管通球试验记录 …………………………………………………………………………166

参考文献 ………………………………………………………………………………………………………167

项目一

建筑给水管道及设备安装

项目概述

安装建筑给水管道及设备，需要在了解给水系统基本知识的基础上，根据不同系统的具体特点，按施工流程进行，并应符合相关国家规范及行业规范的规定。本项目主要介绍建筑给水管道与设备的安装方法与质量控制，包括给水系统基本知识、建筑内部给水管道安装、室内消火栓给水系统安装、自动喷水灭火系统安装、建筑内部热水供应系统安装、室外给水管网安装、离心式水泵安装、阀门及水箱安装、管道支架安装、管道及设备的防腐与保温。

学习目标

1. 知识目标

1）了解给水系统基本知识。

2）掌握建筑内部给水管道安装、室内消火栓给水系统安装、自动喷水灭火系统安装、建筑内部热水供应系统安装、室外给水管网安装的主要内容。

3）熟悉离心式水泵安装、阀门及水箱安装、管道支架安装、管道及设备的防腐与保温等内容。

2. 技能目标

1）能够依据施工图进行备料，并在施工前按图样要求检查材料、设备的质量规格、型号等是否符合设计要求。

2）能够根据施工图画出管道分路、管径、变径、预留口、阀门等位置的施工草图，并按草图预制加工。

3）能够按施工流程进行建筑给水管道及设备的安装。

3. 思政目标

建筑给水管道及设备安装严格按现行规范、规程进行，如《建筑给水排水及采暖工程施工质量验收规范》(GB 50242—2002) 和《自动喷水灭火系统施工及验收规范》(GB 50261 —2017)，保证施工质量和安全。

思维导图

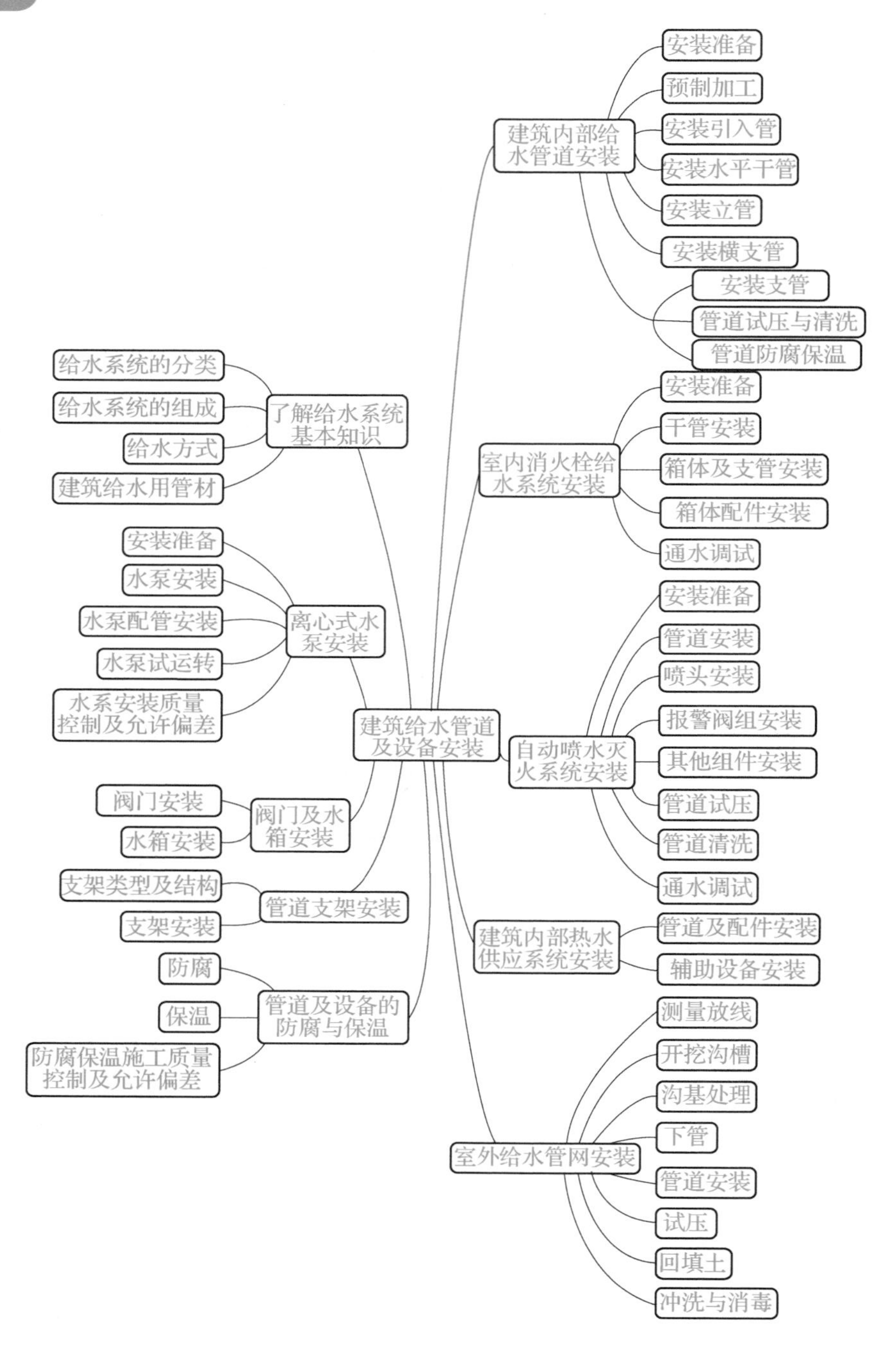

任务一　了解建筑给水系统基本知识

任务描述

要安装好建筑给水管道及设备，必须对建筑给水系统有所了解。本任务通过建筑给水系统的分类、组成、给水方式和建筑给水用管材等方面来了解建筑给水系统的基本知识。

知识链接

建筑给水系统是将市政给水管网（或自备水源）中的水引入建筑内，并输送到室内各配水龙头、生产机组和消防设备等用水点处，满足各类用水设备对水质、水量和水压要求的冷水供应系统。

1. 建筑给水系统的分类

建筑给水系统按其用途不同，可分为以下 3 类。

（1）生活给水系统

生活给水系统指的是为居住、公共建筑和工业建筑提供饮用、烹饪、盥洗、洗涤、沐浴等日常生活用水的给水系统，其水质必须严格符合《生活饮用水卫生标准》（GB 5749—2006）。

（2）生产给水系统

因各种生产工艺的不同，生产给水系统种类繁多，主要用于各类产品生产过程中所需的用水、生产设备的冷却、原料和产品的洗涤及锅炉用水等。生产用水系统对水质、水量、水压及安全方面的要求随工艺要求的不同而有很大差异。

（3）消防给水系统

消防给水系统指的是为居住建筑、公共建筑及生产车间提供消防用水的给水系统。消防给水系统对水质要求不高，但必须符合《建筑防火设计规范》的要求，保证供应足够的水量和维持一定的水压。

2. 建筑给水系统的组成

建筑给水系统一般由 6 部分组成：进户管（引入管），水表（水表井），管网系统（包括水平或竖直干管、水平或竖直支管），给水管道附件（如阀门、水表、配件及紧固件等），升压及储水设备（如水泵、水箱、水池、气压给水装置等），消防设备（如消火栓、喷淋头、喷淋阀等），如图 1-1 所示。

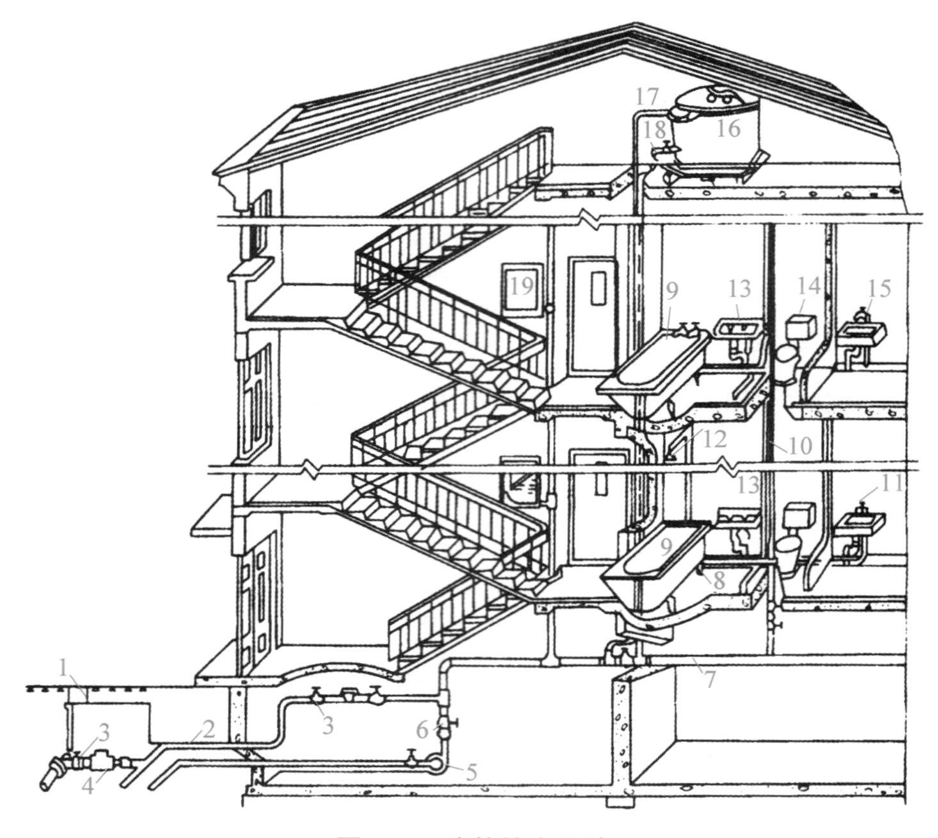

图 1-1　建筑给水系统

1—阀门井；2—引入管；3—闸阀；4—水表；5—水泵；6—单向阀；7—干管；8—支管；9—浴盆；10—立管；11—水龙头；12—淋浴器；13—洗脸盆；14—大便器；15—洗涤盆；16—水箱；17—进水管；18—出水管；19—消火栓

3. 建筑给水系统的给水方式

（1）直接给水方式

如图 1-2 所示为直接给水方式。当市政给水管网（或自备水源）能经常满足室内用水，而且水质、水压和水量能满足要求时，可采用直接给水方式。给水系统直接与外网连接，其结构简单，主要由管网、水表、阀门及配水龙头等组成。这种给水方式的特点是投资省、易安装、便于维护，广泛用于低层建筑或楼层不高的多层建筑的室内供水。

（2）设水箱的给水方式

如图 1-3 所示为设水箱的给水方式。当市政给水管网（外网）水压不足，室内供水要求水压稳定，建筑物又能设置高位水箱时，可采用设水箱的给水方式。它是在直接给水方式的系统中增加一个水箱及一个止回阀。设水箱的给水方式广泛应用于低层建筑或多层建筑的室内供水。

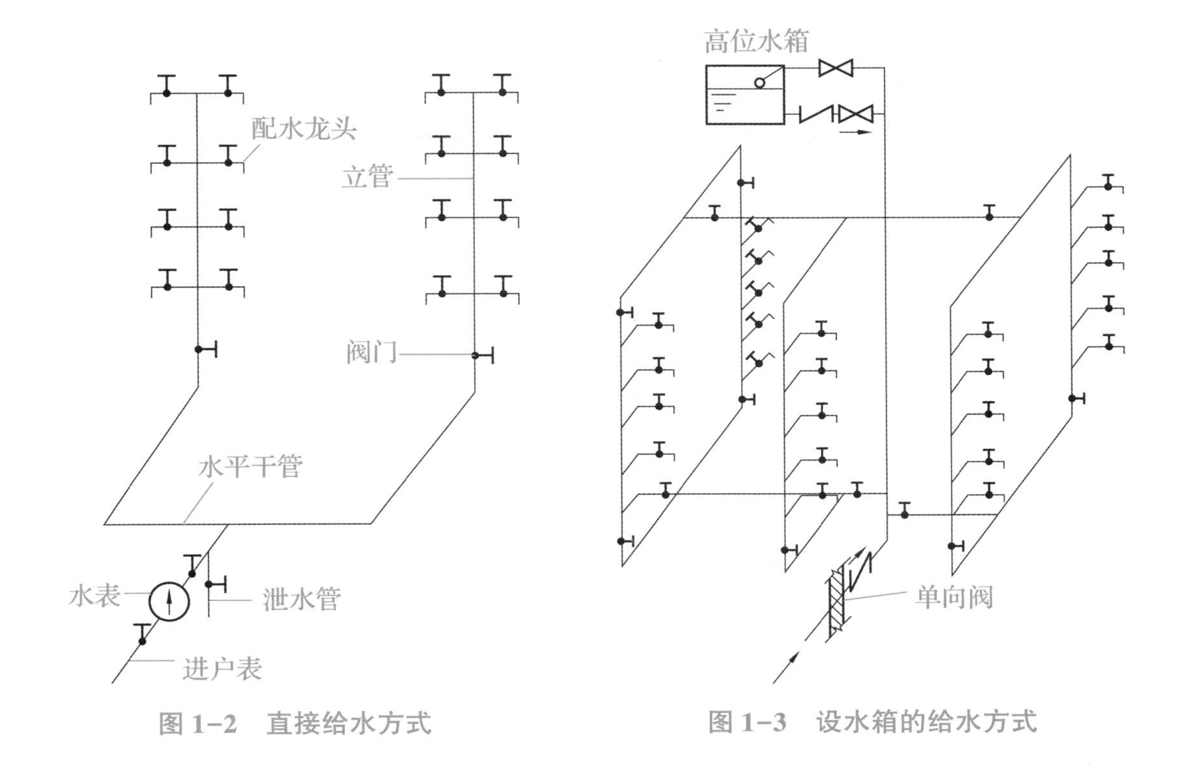

图 1-2　直接给水方式　　　图 1-3　设水箱的给水方式

（3）设水泵的给水方式

如图 1-4 所示为设水泵的给水方式。建筑物内部设有给水管道系统及加压水泵，当室外管网水压不足时，利用水泵加压后向室内给水系统供水。

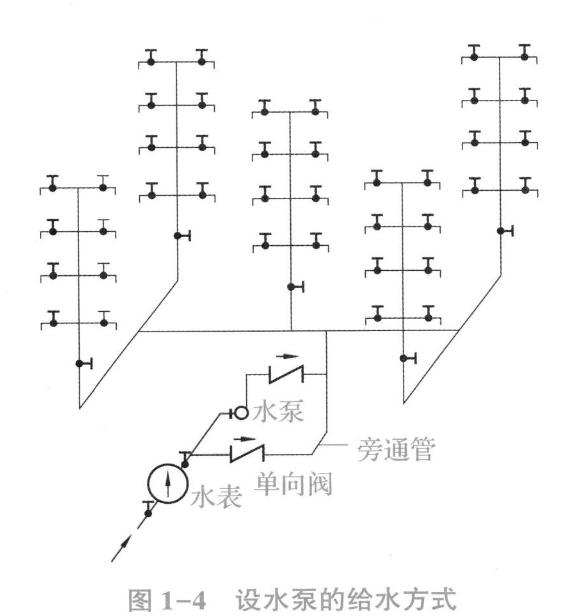

图 1-4　设水泵的给水方式

（4）设储水池、水泵和水箱的给水方式

当室外给水管网水压经常不足，并且不允许水泵直接从室外管网吸水或室内用水不均匀时，常采用设储水池、水泵和水箱的给水方式，如图 1-5 所示。

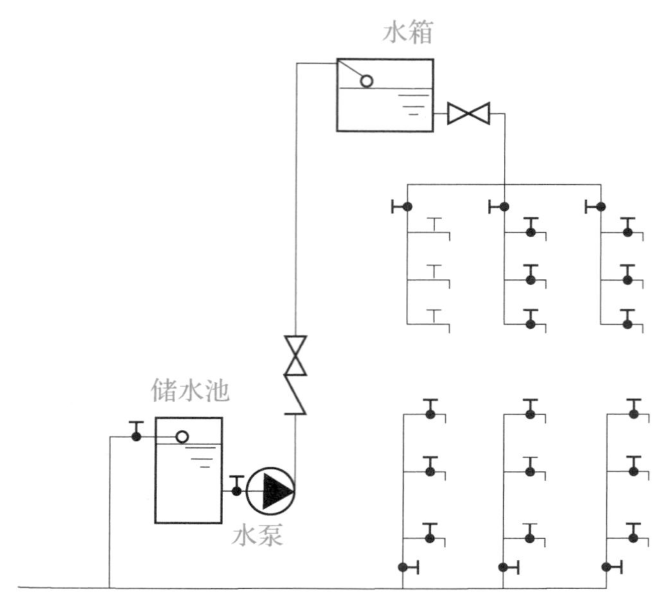

图 1-5　设储水池、水泵和水箱的给水方式

（5）设气压给水装置的给水方式

气压给水装置是利用密闭压力水罐内空气的可压缩性储存、调节和压送水量的给水装置，其作用相当于高位水箱，如图 1-6 所示。水泵从储水池或室外给水管网吸水，经加压后送至给水系统和气压水罐内，停泵时，再由气压水罐向室内给水系统供水，由气压水罐调节储存水量及控制水泵运行。

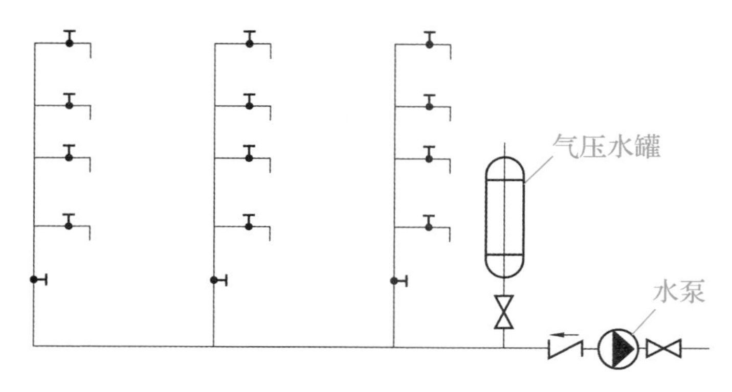

图 1-6　设气压给水装置的给水方式

（6）分区给水方式

在层数较多的建筑物中，当室外给水管网的压力只能满足建筑物下面几层供水要求时，为了充分利用室外管网水压，可将建筑物供水系统划分为上、下两个区域，下区由外网直接供水，上区由升压、储水设备供水。将上、下两区的一根或几根立管连通，在分区处装设阀门，以备下区进水管发生故障或外网水压不足时打开阀门由高区水箱向低区供水，如图 1-7 所示。

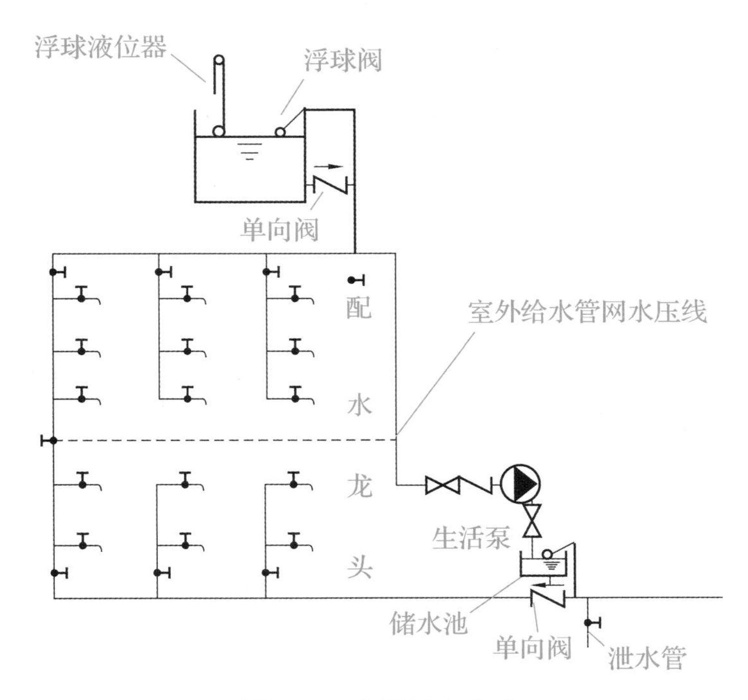

图 1-7　分区给水方式

4. 建筑给水用管材

(1) 钢管

给水系统中常用的钢管有焊接钢管和无缝钢管。钢管具有强度高、承受压力大、抗振性能好、质量小、内外表面光滑、容易加工和安装等优点，但耐腐蚀性能差，对水质有影响，且价格较高。

1) 焊接钢管。焊接钢管由卷形的钢板、钢带以对缝或螺旋缝焊接而成，因此又称有缝钢管。

焊接钢管的直径规格用公称直径表示，符号为 DN，单位为 mm，如 DN32 表示公称直径为 32 mm 的焊接钢管。

用于给水系统的焊接钢管为低压流体输送用焊接钢管，由 Q195、Q215A 和 Q235A 钢制造，按其表面是否镀锌分为镀锌钢管和非镀锌钢管，习惯上把镀锌钢管称为白铁管，非镀锌钢管称为焊接钢管，又称黑铁管。低压流体输送用焊接钢管按钢管壁厚不同又分为普通焊接钢管（用于输送流体工作压力不大于 1.0 MPa 的管路）和加厚焊接钢管（用于输送流体工作压力不大于 1.6 MPa 的管路）。

根据《低压流体输送用焊接钢管》(GB/T 3091—2015) 的规定，外径 (D) 不大于 219.1 mm 的钢管按公称口径 (DN) 和公称壁厚 (t) 交货，其公称口径和公称壁厚应符合表 1-1 的规定。其中，管端用螺纹或沟槽连接的钢管尺寸见表 1-2。

表 1-1　外径不大于 219.1 mm 的钢管公称口径、外径、公称壁厚和不圆度　（单位：mm）

公称口径	外径（D）			最小公称壁厚	不圆度
（DN）	系列 1	系列 2	系列 3	t	不大于
6	10.2	10.0	—	2.0	0.20
8	13.5	12.7	—	2.0	0.20
10	17.2	16.0	—	2.2	0.20
15	21.3	20.8	—	2.2	0.30
20	26.9	26.0	—	2.2	0.35
25	33.7	33.0	32.5	2.5	0.40
32	42.4	42.0	41.5	2.5	0.40
40	48.3	48.0	47.5	2.75	0.50
50	60.3	59.5	59.0	3.0	0.60
65	76.1	75.5	75.0	3.0	0.60
80	88.9	88.5	88.0	3.25	0.70
100	114.3	114.0	—	3.25	0.80
125	139.7	141.3	140.0	3.5	1.00
150	165.1	168.3	159.0	3.5	1.20
200	219.1	219.0	—	4.0	1.60

注：1. 表中的公称口径系近似内径的名义尺寸，不表示外径减去两倍壁厚所得的内径。

2. 系列 1 是通用系列，属推荐选用系列；系列 2 是非通用系列；系列 3 是少数特殊、专用系列。

表 1-2　管端用螺纹和沟槽连接的钢管尺寸　（单位：mm）

公称口径（DN）	外径（D）	壁厚（t）	
		普通钢管	加厚钢管
6	10.2	2.0	2.5
8	13.5	2.5	2.8
10	17.2	2.5	2.8
15	21.3	2.8	3.5
20	26.9	2.8	3.5
25	33.7	3.2	4.0
32	42.4	3.5	4.0
40	48.3	3.5	4.5

续表

公称口径（DN）	外径（D）	壁厚（t）	
		普通钢管	加厚钢管
50	60. 3	3. 8	4. 5
65	76. 1	4. 0	4. 5
80	88. 9	4. 0	5. 0
100	114. 3	4. 0	5. 0
125	139. 7	4. 0	5. 5
150	165. 1	4. 5	6. 0
200	219. 1	6. 0	7. 0

注：表中的公称口径系近似内径的名义尺寸，不表示外径减去两倍壁厚所得的内径。

外径大于 219. 1 mm 的钢管按公称外径和公称壁厚交货，其公称外径和公称壁厚应符合《焊接钢管尺寸及单位长度质量》（GB/T 21835—2008）的规定。

2）无缝钢管。无缝钢管是用钢坯经穿孔轧制或拉制成的管子，按制造方法不同分为冷拔钢管和热轧钢管。

用于流体输送的无缝钢管用 10、20、Q295、Q345 牌号的钢材制造，适用于城镇、工矿企业给水排水。一般直径小于 50 mm 时，选用冷拔钢管；直径大于或等于 50mm 时，选用热轧钢管。

无缝钢管的规格用外 D（管外径，单位 mm）×δ（壁厚，单位 mm）表示，如 D68×3. 5 表示外径为 68 mm、壁厚为 3. 5 mm 的无缝钢管。常用无缝钢管的规格见表 1-3。

表 1-3　常用无缝钢管的规格

外径/mm	壁厚/mm										
	2. 5	3	3. 5	4	4. 5	5	5. 5	6	6. 5	7	7. 5
	理论质量/（kg/m）										
32	1. 82	2. 15	2. 46	2. 76	3. 05	3. 33	3. 59	3. 85	4. 09	4. 32	4. 53
38	2. 19	2. 59	2. 98	3. 35	3. 72	4. 07	4. 41	4. 74	5. 05	5. 35	5. 64
42	2. 44	2. 89	3. 35	3. 75	4. 16	4. 56	4. 95	5. 33	5. 69	6. 04	6. 38
45	2. 62	3. 11	3. 58	4. 04	4. 49	4. 93	5. 36	5. 77	6. 17	6. 56	6. 94
50	2. 93	3. 48	4. 01	4. 54	5. 05	5. 55	6. 04	6. 51	6. 97	7. 42	7. 86
54		3. 77	4. 36	4. 93	5. 49	6. 04	6. 58	7. 10	7. 61	8. 11	8. 60
57		4. 00	4. 62	5. 23	5. 83	6. 41	6. 99	7. 55	8. 10	8. 63	9. 16
60		4. 22	4. 88	5. 52	6. 16	6. 78	7. 39	7. 99	8. 58	9. 15	9. 71

续表

外径/mm	壁厚/mm										
	2.5	3	3.5	4	4.5	5	5.5	6	6.5	7	7.5
	理论质量/(kg/m)										
63.5		4.48	5.18	5.87	6.55	7.21	7.87	8.51	9.14	9.75	10.36
68		4.81	5.57	6.31	7.05	7.77	8.48	9.17	9.86	10.53	11.19
70		4.96	5.74	6.51	7.27	8.01	8.75	9.47	10.18	10.88	11.56
73		5.18	6.00	6.81	7.60	8.38	9.16	9.91	10.66	11.39	12.11
76		5.40	6.26	7.10	7.93	8.75	9.56	10.36	11.14	11.91	12.67
83			6.86	7.79	8.71	9.62	10.51	11.39	12.26	13.12	13.96
89			7.38	8.38	9.38	10.36	11.33	12.28	13.22	14.16	15.07
95			7.90	8.98	10.04	11.10	12.14	11.17	14.19	15.19	16.18
102			8.50	9.67	10.82	11.96	13.09	14.21	15.31	16.40	17.48
108				10.26	11.49	12.70	13.90	15.09	16.27	17.44	18.59
114				10.85	12.15	13.44	14.72	15.98	17.23	18.47	19.70

（2）铜管

常用铜管有纯铜管和黄铜管。铜管具有经久耐用、卫生等优点，主要用于高纯水制备、输送饮用水及热水。一般建筑用冷、热水铜管的规格尺寸及工作压力见表1-4。

表1-4　一般建筑用冷、热水铜管的规格尺寸及工作压力

公称直径（DN）	外径（D_e）	工作压力1.0 MPa		工作压力1.6 MPa		工作压力2.5 MPa	
		壁厚（δ）/mm	计算内径（d_j）	壁厚（δ）/mm	计算内径（d_j）	壁厚（δ）/mm	计算内径（d_j）
6	8	0.6	6.8	0.6	6.8		
8	10	0，6	8.8	0.6	8.8		
10	12	0.6	10.8	0.6	10.8		
15	15	0，7	13.6	0.7	13.6		
20	22	0.9	20.2	0.9	20.2		
25	28	0.9	26.2	0，9	26.2		
32	35	1.2	32.6	1.2	32.6		
40	42	1.2	39.6	1.2	39.6		
50	54	1.2	51.6	1.2	51.6		

续表

公称直径（DN）	外径（D_e）	工作压力 1.0 MPa		工作压力 1.6 MPa		工作压力 2.5 MPa	
		壁厚（δ）/mm	计算内径（d_j）	壁厚（δ）/mm	计算内径（d_j）	壁厚（δ）/mm	计算内径（d_j）
65	67	1.2	64.6	1.5	64.0		
80	85	1.5	82	1.5	82		
100	108	1.5	105	2.5	103	3.5	101
125	133	1.5	130	3.0	127	3.5	126
150	159	2.0	155	3.0	153	4.0	151
200	219	4.0	211	4.0	211	5.0	209
250	267	4.0	259	5.0	257	6.0	255
300	325	5.0	315	6.0	313	8.0	309

（3）铸铁管

铸铁管分为给水铸铁管和排水铸铁管两种。给水铸铁管常用球墨铸铁浇筑而成，出厂前内、外表面已用防锈沥青漆进行防腐处理。给水铸铁管按接口形式分为承插式给水铸铁管和法兰式给水铸铁管两种，按压力分为高压给水铸铁管、中压给水铸铁管和低压给水铸铁管，直径规格均用公称直径表示。球墨铸铁管的规格见表 1-5。

表 1-5　球墨铸铁管的规格

公称直径/mm	直管部分			承口质量/kg	总质量/kg	每米综合质量/kg
	外径/mm	壁厚/mm	每米质量/（kg/m）			
100	118	6.1	15.1	4.3	95	15.8
150	170	6.3	22.8	7.1	144	24
200	222	6.4	30.6	10.3	194	32.3
250	274	6.8	40.2	14.2	255	42.5
300	326	7.2	50.8	18.9	323	53.8
350	378	7.7	63.2	23.7	403	67.2
400	429	8.1	75.5	29.5	482	80.3
450	480	8.6	89.3	38.3	575	95.8
500	532	9	104.3	42.8	669	111.5
600	635	9.9	137.3	59.3	882	147

续表

公称直径/mm	直管部分			承口质量/kg	总质量/kg	每米综合质量/kg
	外径/mm	壁厚/mm	每米质量/(kg/m)			
700	738	10.8	173.9	79.1	1123	187.2
800	842	11.7	215.2	102.6	1394	232.3
900	945	12.6	260.2	129.9	1691	281.8
1000	1048	13.5	309.3	161.3	2017	336.2
1200	1255	15.3	420.1	237.7	2758	459.7
1400	1462	17.1	547.2	385.3	3669	611.5
1500	1565	18	616.7	474.7	4175	695.83
1600	1668	18.9	690.3	526	4668	778

(4) 塑料管

塑料管具有化学稳定性好、耐腐性能好、力学性能好、不燃烧、无不良气味、质量小、密度小、表面光滑、容易加工和安装等优点，广泛应用于工程中。塑料管的规格用 d_e（公称外径，单位为 mm）×e（壁厚，单位为 mm）表示。

1）给水硬聚氯乙烯（PVC-U）管。其是以聚氯乙烯树脂为主要原料，经挤压成型的塑料管，管材长度一般为 4 m、6 m、8 m、12 m 等。给水硬聚氯乙烯管的公称压力和规格尺寸见表 1-6。

表 1-6　给水硬聚氯乙烯管的公称压力和规格尺寸

L

管材长度 L

公称外径（d_e）/mm	壁厚（e）/mm				
	公称压力（PN）				
	0.6 MPa	0.8 MPa	1.0 MPa	1.25 MPa	1.6 MPa
20					2.0
25					2.0

续表

公称外径（d_e）/mm	壁厚（e）/mm				
	公称压力（PN）				
	0.6 MPa	0.8 MPa	1.0 MPa	1.25 MPa	1.6 MPa
32				2.0	2.0
40			2.0	2.4	3.0
50		2.0	2.4	3.0	3.7
63	2.0	2.5	3.0	3.8	4.7
75	2.2	2.9	3.6	4.5	5.6
90	2.7	3.5	4.3	5.4	6.7
110	3.2	3.9	4.8	5.7	7.2
125	3.7	4.4	5.4	6.0	7.4
140	4.1	4.9	6.1	6.7	8.3
160	4.7	5.6	7.0	7.7	9.5
180	5.3	6.3	7.8	8.6	10.7
200	5.9	7.3	8.7	9.6	11.9
225	6.6	7.9	9.8	10.8	13.4
250	7.3	8.8	10.9	11.9	14.8
280	8.2	9.8	12.2	13.4	16.6
315	9.2	11.0	13.7	15.0	18.7
355	9.4	12.5	14.8	16.9	21.1
400	10.6	14.0	15.3	19.1	23.7
450	12.0	15.8	17.2	21.5	26.7
500	13.3	16.8	19.1	23.9	29.7
560	14.9	17.2	21.4	26.7	
630	16.7	19.3	24.1	30.0	
710	18.9	22.0	27.2		
800	21.2	24.8	30.6		
900	23.9	27.9			
1000	26.6	31.6			

2）给水高密度聚乙烯（HDPE）管。其是以高密度聚乙烯树脂为主要原料，经挤压成型的管子。

给水硬聚氯乙烯管和给水高密度聚乙烯管均适用于室内外（埋地或架空）输送水温不超过45℃的冷热水。

（5）铝塑复合管

铝塑复合管是以焊接铝管为中间层，内外层均用聚乙烯塑料，采用专用热熔胶，通过挤压成型的方法复合成一体的管道，具有质量小、强度高、耐腐蚀、耐高温、寿命长、阻隔性高、抗静电、流阻小、不回弹、安装简单等特点。

铝塑复合管按复合组分材料的不同，分为PAP1、XPAP2、RPAP3和PPAP4共4类。

1）PAP1：聚乙烯/铝合金/聚乙烯铝塑管，即一型铝塑管；

2）XPAP2：交联聚乙烯/铝合金/交联聚乙烯铝塑管，即二型铝塑管；

3）RPAP3：耐热聚乙烯/铝合金/耐热聚乙烯铝塑管，即三型铝塑管；

4）PPAP4：无规共聚聚丙烯/铝合金/无规共聚聚丙烯对焊铝塑管，即四型铝塑管。铝塑复合管的规格见表1-7~表1-10。

表1-7　PAP1、XPAP2、RPAP3搭接铝塑复合管尺寸要求　（单位：mm）

公称外径 d_n	平均外径 d_{em}		参考内径[a] d_c	不圆度[b]		总壁厚 e_m	公差	铝层最小搭接宽度	内层塑料最小壁厚 e_i	外层塑料最小壁厚 e_w	铝管层最小壁厚 e_a		
	$d_{em,min}$	$d_{em,max}$		盘管 ≤	直管 ≤						热水用	非热水用	公差
12	12.0	12.3	8.3	0.8	0.4	1.6	+0.50	2.8	0.7	0.4	0.20	0.18	+0.090
14	14.0	14.3	10.1	0.9	0.4	1.6			0.8		0.20		
16	16.0	16.3	12.1	1.0	0.5	1.7			0.9		0.21		
18	18.0	18.3	13.9	1.1	0.5	1.8		3.0	0.9		0.24		
20	20.0	20.3	15.7	1.2	0.6	1.9			1.0		0.26	0.23	
25	25.0	25.3	19.9	1.5	0.8	2.3		3.2	1.1		0.33		
32	32.0	32.3	25.7	2.0	1.0	2.9		4.5	1.2		0.37	0.28	
40	40.0	40.3	31.6	2.4	1.2	3.9	+0.60	4.5	1.7		0.40	0.33	+0.100
50	50.0	50.3	40.5	3.0	1.5	4.4	+0.70	5.5	1.7		0.50	0.47	+0.100
63	63.0	63.4	50.5	3.8	1.9	5.8	+0.90	6.0	2.1		0.60	0.57	
75	75.0	75.6	59.3	4.5	2.3	7.3	+1.10		2.8		0.70	0.67	

注：燃气和压缩空气属于非热水。

a. 表中的参考内径 d_c 仅供管件设计参考。

b. 盘管的不圆度仅在管材下线时测量。

表 1-8　PPAP4 搭接铝塑复合管的尺寸要求　（单位：mm）

公称外径 d_n	平均外径 d_{em}		参考内径[a] d_c		不圆度≤	管系列				内层塑料最小壁厚 e_i	外层塑料最小壁厚 e_w	铝管层最小壁厚 e_n
						S3.2		S2.5				
	$d_{em,min}$	$d_{em,max}$	S3.2	S2.5		总壁厚 e_m	公差	总壁厚 e_m	公差			
20	20.0	20.3	14.2	12.9	1.0	2.8	+0.40	3.4	+0.50	1.0	1.0	0.23
25	25.0	25.3	17.7	16.2	1.2	3.5	+0.50	4.2	+0.60	1.2	1.2	0.23
32	32.0	32.3	22.8	20.7	1.5	4.4	+0.60	5.4	+0，70	1.5	1.5	0.28
40	40.0	40.4	28.5	26.0	1.9	5.5	+0.70	6.7	+0.80	1.9	1.9	0.33
50	50.0	50.5	35.7	32.7	1.5	6.9	+0.80	8.3	+1.00	2.3	2.3	0.47
63	63.0	63.6	45.1	41.1	1.9	8.6	+1.00	10.5	+1.20	3.0	3.0	0.57
75	75.0	75.7	53.6	49.0	2.3	10.3	+1.20	12.5	+1.40	3.5	3.5	0.67

a. 表中的参考内径 d_c 仅供管件设计参考。

表 1-9　PAP1、XPAP2、RPAP3 对焊铝塑管的结构尺寸要求　（单位：mm）

公称外径 d_n	平均外径 d_{em}		参考内径[a] d_c	不圆度[b]		总壁厚 e_m	公差	内层塑料壁厚 e_i		外层塑料最小壁厚 e_w	铝管层壁厚 e_a	
	$d_{em,min}$	$d_{em,max}$		盘管≤	直管≤			公称值	公差		公称值	公差
16	16.0	16.3	10.9	1.0	0.5	2.3	+0.50	1.4	±0.1	0.3	0.28	±0.04
20	20.0	20.3	14.5	1.2	0.6	2.5		1.5			0.36	
25	25.0	25.3	18.5	1.5	0.8	3.0		1.7			0.44	
32	32.0	32.3	25.5	2.0	1.0	3.0		1.6			0.60	
40	40.0	40.4	32.4	2.4	1.2	3.5	+0.60	1.9		0.4	0.75	
50	50.0	50.5	41.4	3.0	1.5	4.0		2.0			1.00	

a. 表中的参考内径 d_c 仅供管件设计参考。

b. 盘管的不圆度仅在管材下线时测量。

表 1-10　PPAP4 对焊铝塑管的尺寸要求　（单位：mm）

公称外径 d_n	平均外径 d_{em}		参考内径[a] d_c		不圆度≤	管系列				内层塑料最小壁厚 e_i	外层塑料最小壁厚 e_w	铝管层最小壁厚 e_n
						S3.2		S2.5				
	$d_{em,min}$	$d_{em,max}$	S3.2	S2.5		总壁厚 e_m	公差	总壁厚 e_m	公差			
20	20.0	20.3	14.2	12.9	1.0	2.8	+ 0.40	3.4	+ 0.50	1.0	1.0	0.23
25	25.0	25.3	17.7	16.2	1.2	3.5	+ 0.50	4.2	+ 0.60	1.2	1.2	0.23
32	32.0	32.3	22.8	20.7	1.5	4.4	+ 0.60	5.4	+ 0.70	1.5	1.5	0.28

续表

公称外径 d_n	平均外径 d_{em}		参考内径[a] d_c		不圆度≤	管系列				内层塑料最小壁厚 e_i	外层塑料最小壁厚 e_w	铝管层最小壁厚 e_n
						S3.2		S2.5				
	$d_{em,min}$	$d_{em,max}$	S3.2	S2.5		总壁厚 e_m	公差	总壁厚 e_m	公差			
40	40.0	40.4	28.5	26.0	1.9	5.5	+0.70	6.7	+0.80	1.9	1.9	0.33
50	50.0	50.5	35.7	32.7	1.5	6.9	+0.80	8.3	+1.0	2.3	2.3	0.47

a. 表中的参考内径 d_c 仅供管件设计参考。

5. 给水管材的选用

室内给水管道应选用耐腐蚀和安装连接方便可靠的管材，可采用塑料给水管、塑料和金属复合管、铜管、不锈钢管及经可靠防腐处理的钢管。高层建筑给水立管不宜采用塑料管。

热水供应系统的管道应选用耐腐蚀和安装连接方便可靠的管材，可采用薄壁铜管、薄壁不锈钢管、塑料热水管、塑料和金属复合热水管等。当采用塑料热水管或塑料和金属复合热水管材时，应符合下列要求。

1）管道的工作压力应按相应温度下的许用工作压力选择。

2）设备机房内的管道不应采用塑料热水管。

建筑小区室外埋地给水管道采用的管材，应具有耐腐蚀和能承受相应地面荷载的能力，可采用塑料给水管、有衬里的铸铁给水管、经可靠防腐处理的钢管。管内壁的防腐材料应符合现行的国家有关卫生标准的要求。

任务二　建筑内部给水管道安装

任务描述

建筑内部给水管道安装的一般流程为：安装准备—预制加工—安装引入管—安装水平干管—安装立管—安装横支管—安装支管—管道试压与清洗—管道防腐保温。

任务实施

第一步：安装准备

熟悉图样，依据施工方案确定的施工方法和技术交底的具体措施，做好准备工作。认真阅读相关专业设备图样，核对各管道的位置、坐标，检查标高是否有交叉，管道排列所用空间尺寸是否合理；若存在问题，应及时协调解决。若需变更设计，应及时办好变更并保存相关记录。

依据施工图进行备料，并在施工前按图样要求检查材料、设备的质量规格、型号等是否符合设计要求。

了解引入管与室外给水管的接点位置，穿越建筑物的位置、标高及做法。管道穿越基础、墙体和楼板时，应及时配合土建施工做好孔洞预留及预埋件。

第二步：预制加工

按施工图画出管道分路、管径、变径、预留口、阀门等位置的施工草图，在实际安装的位置做好标记，按标记分段量出实际安装的准确尺寸，标在施工草图上，然后按草图的尺寸预制加工，以确保质量，提高工作效率。

第三步：安装引入管

敷设引入管时，应尽量与建筑物外墙轴线相垂直，这样穿过基础或外墙的管段最短。若引入管需要穿越建筑物基础，则应预留孔洞或预埋钢套管。预留孔洞的尺寸或钢套管的直径应比引入管直径大 100~200 mm，引入管管顶距孔洞或套管顶大于 100 mm。预留孔与管道间的间隙应用黏土填实，两端用 1∶2 水泥砂浆封口，如图 1-8 所示。当引入管由基础下部进入室内或穿过建筑物地下室进入室内时，其敷设方法如图 1-9 和图 1-10 所示。

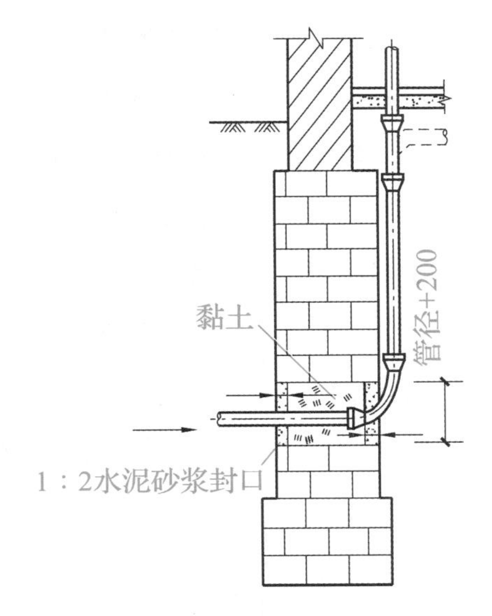

图 1-8 引入管穿越墙基础

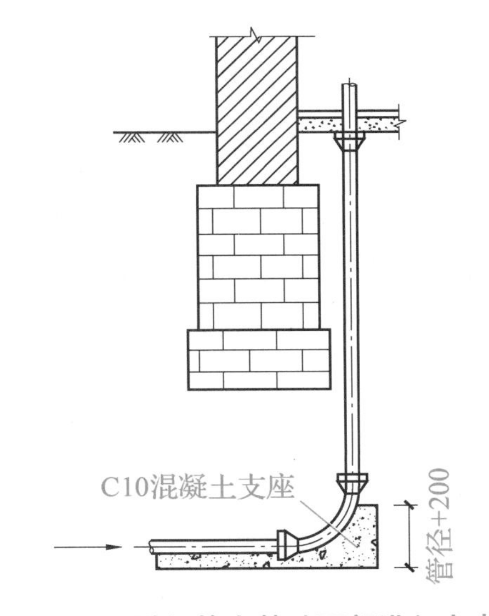

图 1-9 引入管由基础下部进入室内

敷设引入管时，其坡度应不小于 0.003，坡向室外，并在最低点设池水阀或管堵，以利于管道系统试压及冲洗时排水。当采用直埋敷设时，埋深应符合设计要求；当设计无要求时，埋深应大于当地冬季冻土深度，以防冻结。

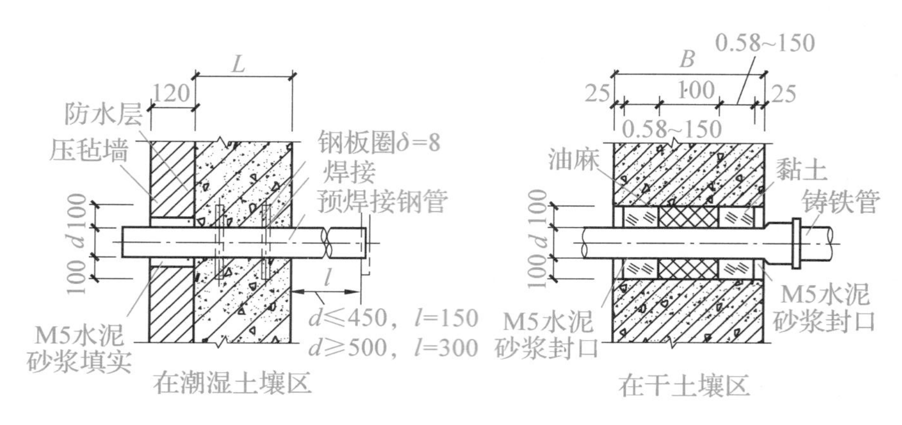

图 1-10　引入管穿越地下室墙壁

第四步：安装水平干管

在安装给水干管前应先画出各立管的安装位置，作为干管预制加工、量尺下料的依据；干管的分支用 T 形三通管件连接。当分支干管上安装阀门时，先将阀杆卸下，再安装管道。干管的安装标高应符合设计要求，并按规定安装支架，以便固定管道。给水干管宜设 0.002~0.005 的坡度，坡向泄水装置。安装完毕后应及时清除接口麻丝头，将所有管口装好丝堵。

当给水干管布置在不采暖房间内并有可能冻结时，应对干管采取保温措施。

第五步：安装立管

给水立管的安装方式有明装和暗装两种。

立管安装前，应在各层楼板预留孔洞，自上而下吊线并弹出立管安装的垂直中心线，作为安装的基准线。按楼层设计标高预制好立管单元管段。自各层地面向上量出横支管的安装高度，并在立管垂直中心线上画出十字线。测量各横支管三通（顶层为弯头）的距离，得出各楼层预制管段长度，用比量法下料，编号存放，以备安装使用。每安装一层立管，应按要求设置管卡。校核预留横支管管口高度、方向，并用临时丝堵堵口。给水立管与排水立管、热水立管并行时，给水立管应设于排水立管外侧、热水立管右侧。为了在检修时不影响其他立管的正常供水，每根立管的始端应安装阀门，并在阀门的后面安装可拆卸件（活接头）。立管穿楼板时应设套管，并配合土建堵好预留孔洞，套管与立管之间的环形间隙也应封堵。

第六步：安装横支管

横支管的始端应安装阀门，阀后还应安装可拆卸件。横支管应有 0.002~0.005 的坡度，坡向立管或配水点，支管应用托钩或管卡固定。

横支管可明装或暗装。明装时，可将预制好的支管从立管甩口依次逐段地进行安装。核定不同卫生器具的冷热水预留口高度、位置是否正确。找坡找正后栽埋支管管卡，上好临时丝堵。支管上若装有水表，应先装上连接管，试压后交工前拆下连接管，再装上水表。暗装时，横支管装于墙槽内，应把立管上的三通口向墙外拧偏一个适当角度。在横支管装好后，再推动横支管使立管三通转向原位，横支管即可进入管槽内，找平找正后用管卡固定。

给水干管的安装一般先做到卫生器具的进水阀处，待卫生器具安装后再进行后续管段的连接。

第七步：安装支管

参考“第六步：安装横支管”。

第八步：管道试压与清洗

1. 试压前应具备的条件

1）试压管段已安装完毕，对室内给水管道可安装至卫生器具的进水阀前。

2）支吊架已安装完毕。管子涂漆和保温前，经观感检验合格。

3）直埋管道、室内管道隐蔽前，应有临时加固措施。

4）试压装置完好，并已连接完毕。压力表应经检验校正，其精度等级应不低于 1.5 级。表盘满刻度值为试验压力的 1.5~2.0 倍。

2. 水压试验的步骤

1）在试压管段系统的高处装设排气阀，低处设灌水试压装置。

2）向系统内注入洁净水，注水时应先打开管路各处的排气阀，直至系统内的空气排尽。满水后关闭排气阀和进水阀，当压力表指针向回移动时，应检查系统有无渗漏。若有，应及时维修。

3）打开进水阀，启动注水泵缓慢加压到一定值，暂停加压，对系统进行检查，无问题再继续加压，直至达到试验压力值。

4）将水压试验结果填入管道系统试压记录表中。

3. 管道清洗

水压试验合格后，应分段对管道进行清洗。

给水管道一般用洁净水冲洗。在沿海城市，可先用海水冲洗，再用淡水冲洗。冲洗时以能达到的最大流量和压力进行，并使水的流速不小于 1.5 m/s。水冲洗应连续进行。当设计无规定时，以出口的水色和透明度与入口处相一致为合格。冲洗合格后，将水排尽。

生活给水管道在交付使用前必须消毒，应用含有 20~30 mg/L 游离氯的水充满系统浸泡 24 h，再用饮用水冲洗。经有关部门取样检验，符合《生活饮用水卫生标准》(GB 5749—2006）方可使用。

第九步：管道防腐保温

参考“任务十　管道及设备的防腐与保温”。

知识链接

一、建筑给水硬聚乙烯管道的安装

1. 对材料的要求

1）生活饮用水塑料管道选用的管材和管件应具有卫生检验部门的检验报告或认证文件。

2）给水管道的使用温度不得大于45℃，给水压力不得大于0.6 MPa，给水用塑料管材不得用于消防给水，采用塑料管的给水系统不得与消防给水系统连接。

3）管材和管件应有检验部门的质量合格证，并有明显的标志，标明生产厂家的名称及材料规格。

4）胶黏剂必须标有生产厂家名称、厂址、出厂日期、有效使用期限、出厂合格证、使用说明书及安全注意事项。

5）胶黏剂必须符合有关技术标准，并具有卫生检验部门的检验报告或认证文件。

2. 管材质量要求与检验

1）管材与管件的颜色应一致，无色泽不均及分解变色现象。

2）管材与管的内外壁应光滑、平整，无气泡、裂口、裂纹、脱皮和严重的冷斑及明显的痕纹、凹陷。

3）管材轴向不得有异向弯曲，其直线偏差应小于1%；管材端口必须平整并垂直于管轴线。

4）管件应完整，无缺损、变形，合膜缝口应平整、无开裂。

5）管材在同一截面的壁厚偏差不得超过14%，管件的壁厚不得小于相应管材的壁厚。

6）塑料管材和管件的承、插黏结面必须表面平整、尺寸准确，以保证接口的密封性能。

7）塑料管道与金属管配件连接的塑料转换接头所承受的强度试验应不低于管道的试验压力，其所能承受的水密性试验压力应不低于管道系统的工作压力，其螺纹应符合《可锻铸铁管路连接件》(GB/T 3287—2011）的规定；螺纹应整洁、光滑，断丝或缺丝数不得大于螺纹总扣数的10%，不得在塑料管上套螺纹。

8）胶黏剂不得有团块、不溶颗粒和其他影响黏接强度的杂质，自然状态下应呈自由流动状态。

9）胶黏剂中不得含有毒和利于微生物生长的物质，不得对饮用水的味、嗅及水质有任何影响。

10）给水管道的管材、管件应符合现行国家标准《给水用硬聚氯乙烯（PVC-U）管材》（GB/T 10002. 1—2006）和《给水用硬聚氯乙烯（PVC-U）阀门》(GB/T1002. 3—2001）的要求。用于室内的管道宜采用 1.0 MPa 等级的管材。应在同一批管材和管件中抽样进行规格尺寸及必要的外观性检查。

3. 管材的储存和运输

1）管材应按不同规格分别进行捆扎，每捆长度应一致，质重量不宜超过 50 kg，管件应按不同品种、规格分别装箱，不得散装。

2）搬运管材和管件时，应小心轻放，避免油污，严禁剧烈撞击、与尖锐物品碰撞、抛摔滚拖。

3）管材与管件应存放在通风良好、温度不超过 40℃ 的库房或简易棚内，不得露天存放，距离热源不小于 1 m。

4）管材应水平堆放在平整的支垫物上，支垫物宽度应不小于 75 mm，间距应不大于 1 m；管材外悬端部应不超过 0.5 m，堆置高度不得超过 1.5 m，应逐层码放，不得叠置过高。

5）胶黏剂和丙酮等不应存放于危险品仓库中，现场存放处应阴凉干燥，安全可靠，严禁明火。

4. 安装的一般规定

1）塑料管道的安装工程施工应具备的条件有设计图样及其他技术文件齐全并经会审；按批准的施工方案或施工组织设计已进行技术交底；施工用材料、机具、设备等能保证正常施工；施工现场用水、用电等应能满足施工要求；施工场地平整，材料储放场地等临时设施能满足施工要求。

2）安装人员必须熟悉硬聚氯乙烯管的一般性能，掌握基本的操作要点，严禁盲目施工。

3）施工现场与材料存放处温差较大时，应于安装前将管材与管件在现场放置一定时间，使其温度接近施工现场的环境温度。

4）安装前应对材料的外观和接头配合的公差进行仔细检查，必须清除管材及管件内外的污垢和杂物。

5）安装过程中，应防止油漆、沥青等有机污染物与硬聚氯乙烯管材、管件接触。

6）安装间断或安装完毕的敞口处，应及时封堵。

7）管道穿墙壁、楼板及嵌墙暗装时，应配合土建预留孔槽。孔槽尺寸设计无规定时，应按下列规定执行：

①预留孔洞尺寸宜比管外径 d_e 大 50~100 mm；

②嵌墙暗装时墙槽尺寸的宽度宜为 d_e+60 mm，深度为 d_e+30 mm；

③架空管顶上部的净空尺寸不宜小于 100 mm。

8）管道穿过地下室或地下构筑物外墙时，应采取严格的防水措施。

9）塑料管道之间的连接宜采用胶黏剂黏接，塑料管与金属管配件、阀门等的连接应采用螺纹连接，如图 1-11 所示。

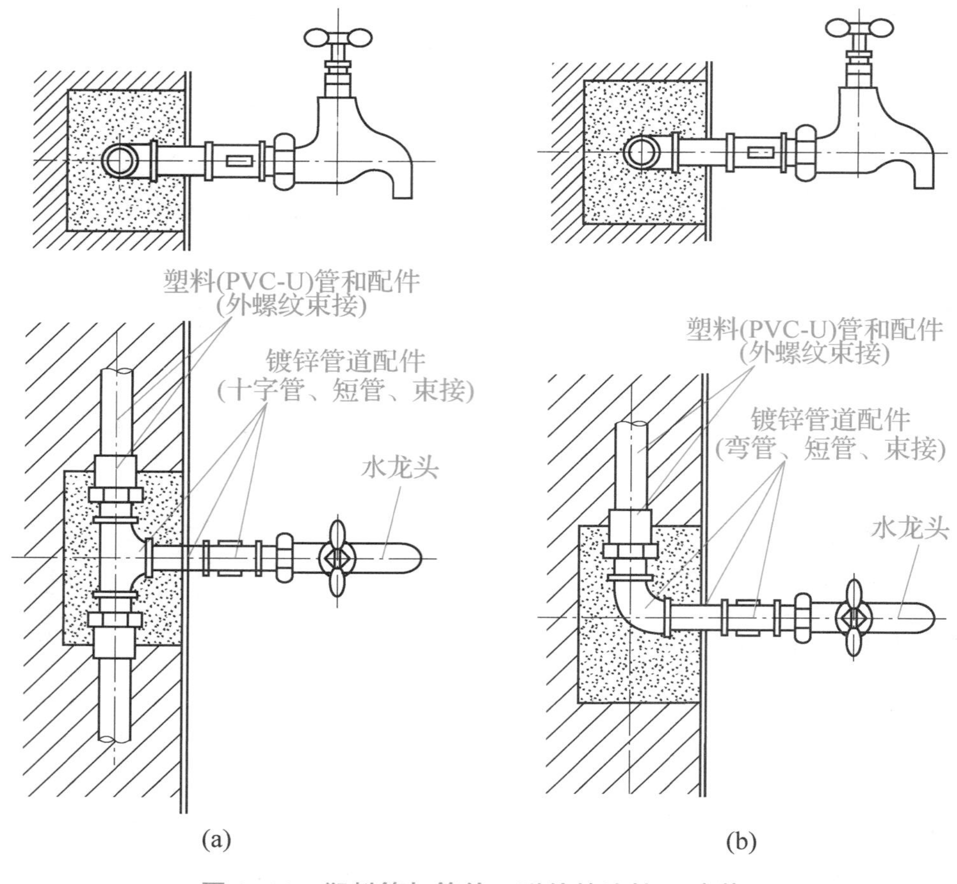

图 1-11　塑料管与管件、附件的连接（暗装）

（a）系统沿程用水器具安装；（b）系统尽端用水器具安装

10）管道的黏接接头应牢固，连接部位应严密无孔隙。螺纹管件应清洁不乱丝，连接应紧固，连接完毕的接头应外露 2~3 扣螺纹。

11）注塑成型的螺纹塑料管件与金属管配件螺纹连接时，宜采用聚四氟乙烯生料带作密封填料，不宜使用厚白漆或麻丝作填料。

12）水平管道的纵横方向弯曲、立管垂直度、平行管道和成排阀门安装应符合施工规范规定。

13）水箱（池）进水管、出水管、排污管、自水箱（池）至阀门间的管段应采用金属管，与水泵相连的吸水管、出水管应采用金属管。

14）工业建筑和公共建筑中管道直线长度大于 20 m 时，应采取热补偿措施，尽可能利用管道转弯、转向等进行自然补偿。

15）系统交工前应进行水压、通水试验和冲洗、清毒，并做好记录。

5. 管道的安装

1）室内明装管道应在土建工程粉饰完毕后进行安装。

2）管道安装前，宜按要求先设置管卡。塑料给水管用管道支架如图 1-12 和图 1-13 所示。支架材料若采用金属，金属管卡与塑料管间应采用塑料带或橡胶板作隔垫，不得使用硬物隔垫。

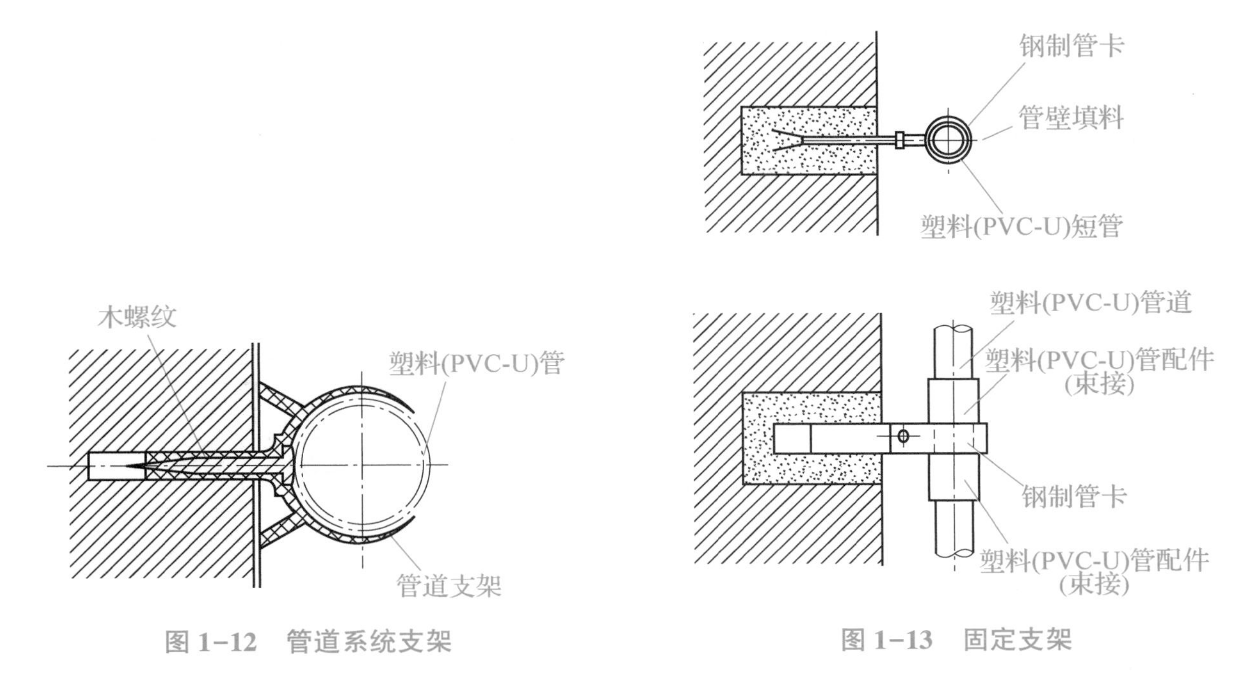

图 1-12　管道系统支架　　图 1-13　固定支架

3）在金属管配件与塑料管道连接时，管卡应设在金属管件一端，并尽量靠近金属管配件。

4）塑料管穿过楼板时，应设置套管，套管可用塑料管，也可用金属管。但穿屋面时必须采用金属套管，且高出屋面不小于 100 mm，并采取严格的防水措施，如图 1-14 和图 1-15 所示。

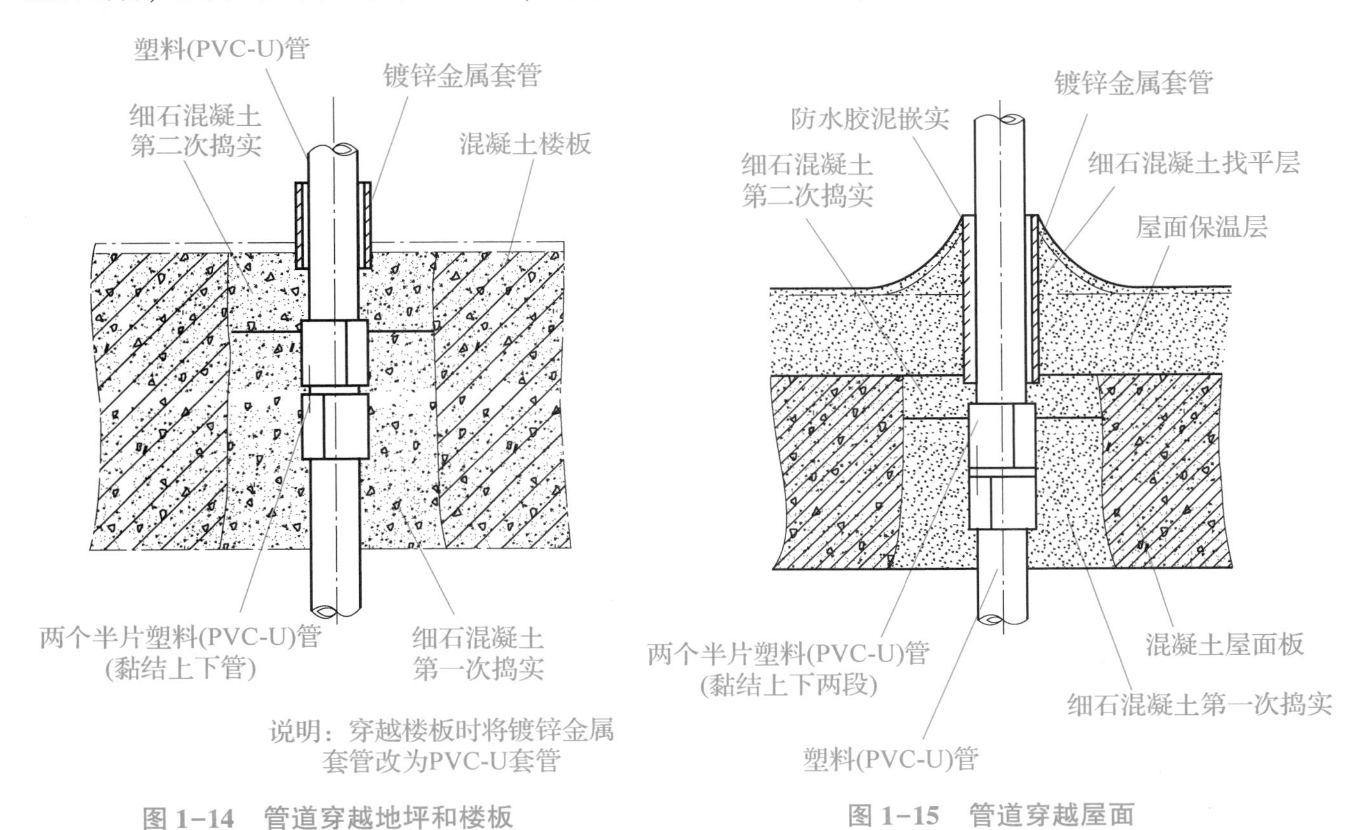

图 1-14　管道穿越地坪和楼板　　图 1-15　管道穿越屋面

5）管道敷设时严禁有轴向弯曲，管道穿墙或楼板时不得强制校正。

6）塑料管道与其他金属管道并行时，应留有一定的保护距离。当设计无规定时，净距不宜小于 100 mm，并行时，塑料管道宜在金属管内侧。

7）室内暗装的塑料管道墙槽必须采用 1∶2 水泥砂浆填补。塑料管给水系统固定措施如图 1-16 所示。

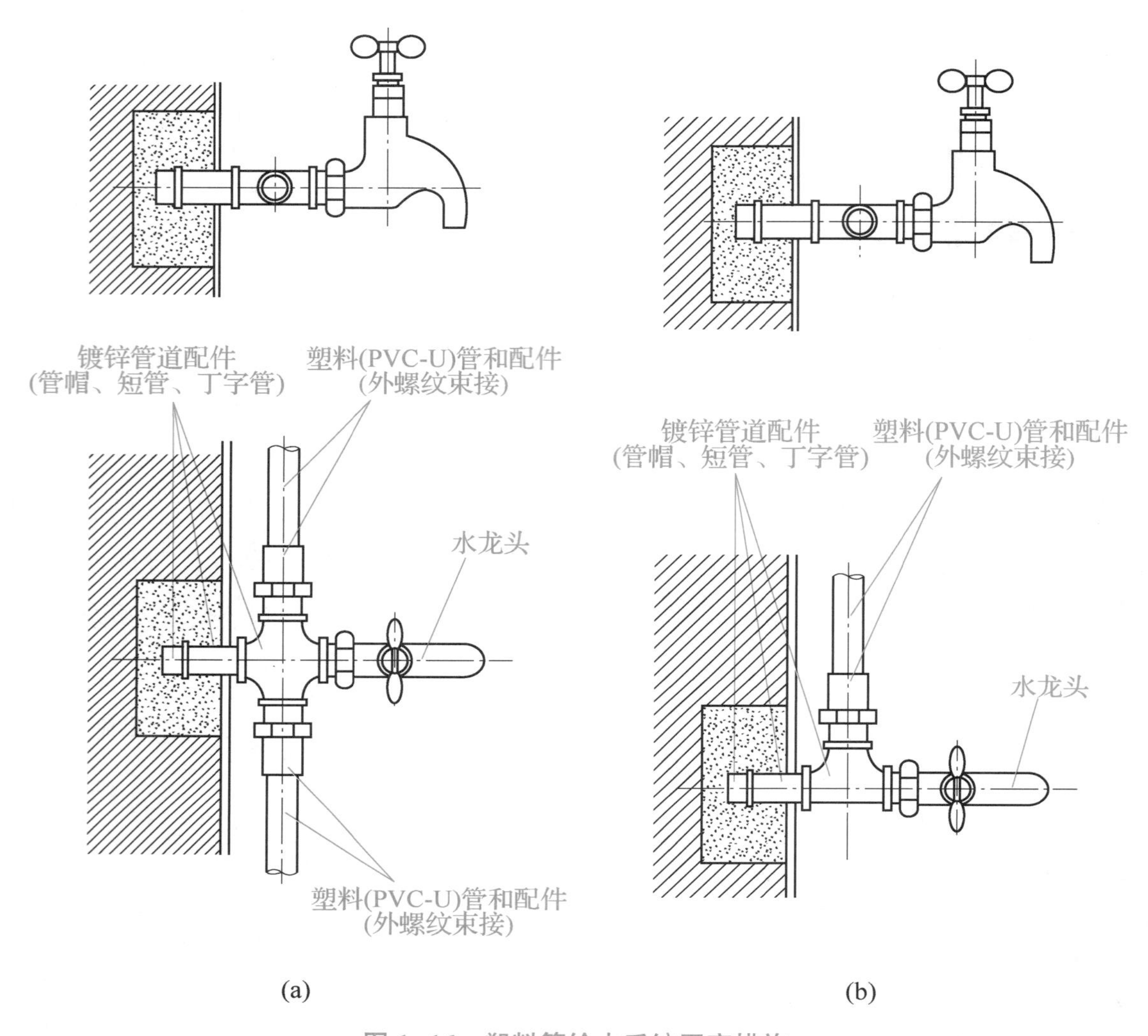

图 1-16　塑料管给水系统固定措施

（a）系统沿程用水器具安装（明装）；（b）系统尽端用水器具安装（明装）

6. 埋地塑料管道的安装

1）室内地坪±0. 00 以下管道的铺设宜分两段进行，即先进行±0. 00 以下至基础墙外壁段的铺设，待土建施工结束后再进行户外连接管的铺设。

2）室内地坪以下管道铺设应在土建工程回填土夯实以后，重新开挖进行。严禁在回填之前或未经夯实的土层中铺设。

3）铺设管道的沟底应平整，不得有凸出的尖硬物体。土壤的颗粒粒径不宜大于 12 mm，必要时可铺 100 mm 原砂垫层。

4）埋地管道回填时，管周回填土不得夹杂硬物直接与塑料管接触。应先用砂土或粒径不大于 12 mm 的土壤回填至管顶上侧 300 mm 处，经夯实后方可回填原土。室内埋地管道的埋深不宜小于 300 mm。

5）塑料管出地坪处应设置护管，其高度应高出地面 100 mm。

6）塑料管在穿基础墙时，应设置金属套管。套管与套墙孔洞上方的净空高度，在设计未注明时应不小于 100 mm。

7）塑料管穿越街坊道路时，覆土厚度应大于 700 mm，否则应采取严格的保护措施。

7. 安全生产

1）胶黏剂及清洁剂应妥善保管，不得随意放置。施工时应随用随开，不用时应立即盖严，严禁非操作人员使用。

2）管道黏接操作场所，应禁止明火和吸烟；操作现场必须有良好的通风措施，集中操作处应设置通风排气装置。

3）管道黏接时，操作人员应站在上风侧，并应配套防护眼镜、手套和口罩，避免皮肤和眼睛与胶黏剂直接接触。

4）管道严禁攀踏、系安全绳、搭脚物架、用作支撑或借作他用。

二、建筑给水聚丙烯管道的安装

1. 对材料的要求

1）生活给水系统所选用的无规共聚聚丙烯管材应有质量检验部门的产品合格证，并具有卫生、建材等部门的认证文件。

2）管材和管件上应标明规格、公称压力、生产厂家名称和商标，包装上应有批号、数量、生产日期和检验代号。

3）管道热熔连接时，应由生产厂提供专用的热熔工具。熔接工具应安全可靠，便于操作，并附有产品合格证和使用说明书。

4）管道电熔连接时，应采用管道生产厂家生产的电熔管件，并由生产厂家提供专用配套的电熔连接工具。电熔工具应安全可靠，便于操作，并附有产品合格证和使用说明书。

5）管道用法兰连接时，应由管道生产厂家提供专用法兰连接件。

2. 管材质量要求与检验

1）管材和管件的内外壁应光滑平整，无气泡、裂口、裂纹、脱皮和明显的痕纹、凹陷，且色泽基本一致；冷水管、热水管必须有醒目的标志；管材的端面应垂直于管材的轴线；管件应完整，无缺损、无变形，合模缝口应平整、无开裂。

2）管材的公称外径、壁厚，管件的承插口尺寸、材料的物理、力学性能应符合相关规定。

3）与金属管道及用水器具连接的塑料管件，必须带有耐腐蚀金属螺纹嵌件，其螺纹、强度和水密性试验均应符合有关规定。

3. 管材的储存和运输

1）搬运管材和管件时，应小心谨慎，轻拿轻放，严禁撞击，严禁与尖锐物品碰触和抛、摔、滚、拖。

2）搬运管材时应避免沾染油污。

3）管材和管件应放在通风良好的库房或简易棚内，不得露天存放，防止阳光直射，注意防火安全，距热源不得小于 1 m。

4）管材应水平堆放在平整的场地上，避免管材弯曲。管材堆置高度不得超过 1.5 m，管件应逐层堆码，不宜叠得过高。

4. 安装的一般规定

1）管道在安装前应具备下列条件：

①施工图及其他技术文件齐全，且已进行图样技术交底，满足施工要求。

②施工方案、施工技术、材料机具等能保证正常施工。

③施工人员应经过建筑给水聚丙烯管道安装的技术培训。

2）提供的管材和管件应符合设计规定，并附有产品说明书和质量合格证书。

3）不得使用有损坏迹象的材料。

4）管道系统安装过程中的开口处应及时封堵。

5）施工安装时应复核冷、热水管压力等级和使用场合。

6）施工过程所做标记应面向外侧，处于显眼位置。

7）管道嵌墙暗装时，宜配合土建预留凹槽。其尺寸无设计规定时为深度 d_e+20 mm，宽度 d_e+(40~60) mm。凹槽表面必须平整，不得有尖角等凸出物。管道试压合格后，墙槽用 M7.5 级水泥砂浆填补密实。

8）管道暗设在地坪面层内的位置应按设计图样规定；如施工现场有更改，应做好图示记录。

9）管道安装时不得有异向扭曲，穿墙或穿楼板时，不宜强制校正。聚丙烯管道与其他金属管平等敷设时应有一定的距离，净距不宜小于 100 mm，且宜位于金属管道的内侧。

10）管道穿过楼板时应设钢套管；穿过屋面时应采取防水措施，穿越前应设固定支架。

11）室内明装管道，宜在土建粉饰完毕后进行。安装前应正确预留孔洞或预埋套管。

12）热水管道穿墙时，应设钢套管；冷水管道穿墙时，应预留孔洞，洞口尺寸比管径大 50 mm。

13）直埋在地坪面层以及墙体内的管道，应在隐蔽前试压，并做好隐蔽工程记录。

14）建筑物埋地引入管和室内埋地管安装要求与给水硬聚乙烯管施工要求相同。

5. 管道的连接

聚丙烯管道的连接方式有热熔连接、电熔连接、螺纹连接和法兰连接。

（1）热熔连接

管道热熔连接示意图如图 1-17 所示。

1）用卡尺与笔在管端测量并标绘出热熔深度，如图 1-17（a）、（b）所示。

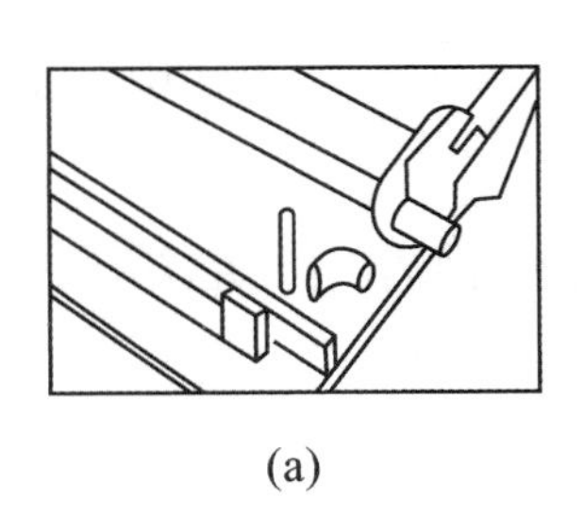

(a)

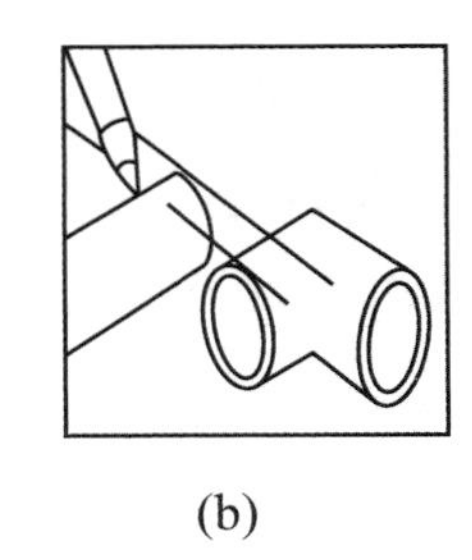

(b)

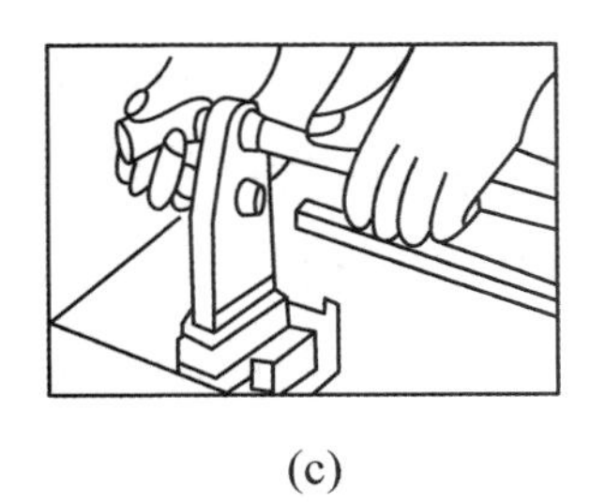

(c)

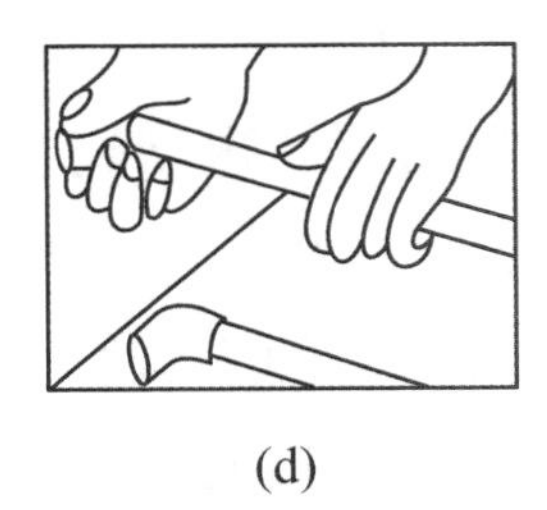

(d)

图 1-17 管道热熔连接示意图

注意：管材与管件连接端面必须无损伤、清洁、干燥、无油。

2）热熔工具接通普通单相电源加热，升温时间约为 6min，焊接温度自动控制在 260℃左右，到达工作温度、指示灯亮后方能开始操作。

3）做好熔焊深度及方向记号。在焊头上把整个熔焊深度加热，包括管道和接头，如图 1-17（c）所示。无旋转地把管端导入加热套内，插入所标示的深度，同时无旋转地把管件推到加热头上，达到规定标志处。

4）达到加热时间后，立即把管材与管件从加热套与加热头上同时取下，迅速无旋转地直线均匀插入所标示的深度，使接头处形成均匀凸缘，如图 1-17（d）所示。

注意：工作时应避免被焊头和加热板烫伤，保持焊头清洁，以保证焊接质量。

热熔连接技术要求见表 1-11，实际施工操作时应以厂家产品说明书为准。

表 1-11 热熔连接技术要求

公称直径/mm	热熔深度/mm	加热时间/s	加工时间/s	冷却时间/min
20	14	5	4	3
25	16	7	4	3
32	20	8	4	4
40	21	12	6	4
50	22. 5	18	6	5
63	24	24	6	6
75	26	30	10	8
90	32	40	10	8
110	38. 5	50	15	10

（2）电熔连接

当管道采用电熔连接时，应符合下列规定：

1）应保持电熔管材与管件的熔合部位干燥。

2）管材的连接端面应垂直于管轴线，擦净管件连接面上的污物，在管材表面标出插入深度，并刮除其表皮。

3）校直两对应的连接件，使其处于同一轴线上。

4）电熔连接机具与电熔管件的导线连通应正确。连接前，应检查电加热的电源电压，加热时间应符合电熔连接机具与电熔管件生产厂家的有关规定。

5）在熔合及冷却过程中，不得移动和转动，不得在连接件上施加任何外力。电熔连接的标准加热时间应由生产厂家提供，并应随环境温度的不同而加以调整。

电熔连接的加热时间与环境温度的关系应符合表 1-12 的规定。

表 1-12　电熔连接的加热时间与环境温度的关系

环境温度（T_e）/℃	修正值	加热时间/s	环境温度（T_e）/℃	修正值	加热时间/s
-10	T_e+ 12%T_e	112	30	T_e-4%T_e	96
0	T_e+ 8%T_e	108	40	T_e-8%T_e	92
10	T_e+4%T_e	104	50	T_e-12%T_e	88
20	标准加热时间×T_e	100			

（3）螺纹连接

聚丙烯管与金属管件连接，应采用带金属嵌件的聚丙烯管件作为过渡，如图 1-18 所示。该管件与聚丙烯管采用热熔连接，与金属管件或卫生洁具五金配件采用螺纹连接。

（4）法兰连接

当聚丙烯管材管道采用法兰连接时，应符合下列规定：

1）将法兰盘套在管道上。

2）聚丙烯过渡接头与管道采用热熔连接。

3）校直两对应的连接件，使连接的两片法兰垂直于管轴线，表面相互平行。

4）应使用与法兰规格配套的螺栓，安装方向应一致。螺栓应对称紧固。紧固完成后的螺栓应露出螺母之外，宜齐平。紧固件宜采用镀锌件。

5）连接管道的长度应精确，当紧固螺栓时，不应使管道产生轴向拉力。

6）靠近法兰部位应设置支吊架。

三、塑料复合管的安装

塑料复合管安装的一般要求与其他管道基本相同。其连接方式采用长套式连接。管件材料一般用黄铜制成。连接时先用专用剪刀将管子切断，然后用整圆器插入切断的管口按顺时

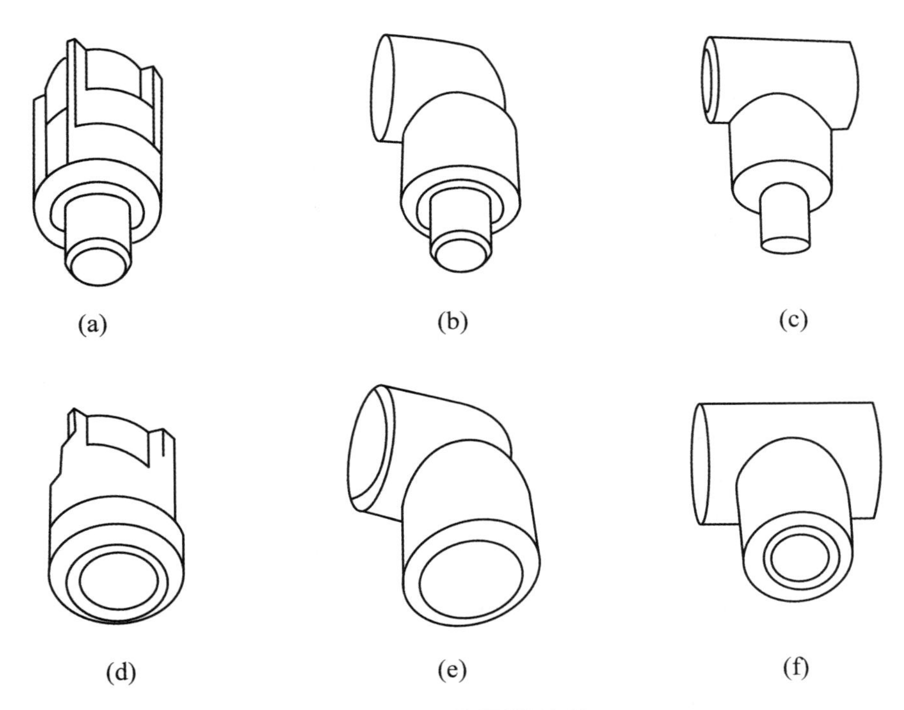

图 1-18　聚丙烯管件

（a）阳螺纹接头；（b）阳螺纹弯头；（c）阳螺纹三通；（d）阴螺纹接头；（e）阴螺纹弯头；（f）阴螺纹三通

针方向整圆，最后穿入螺母，再穿入 C 形铜环卡套，如图 1-19 所示，将管子插入连接件，再用螺母锁紧。接头与管的配合如图 1-20 所示。

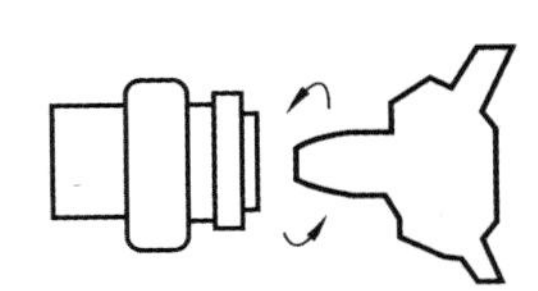

穿入螺母及C形铜环将整圆器插入管内到底，用手旋转整圆同时完成管内圆导角

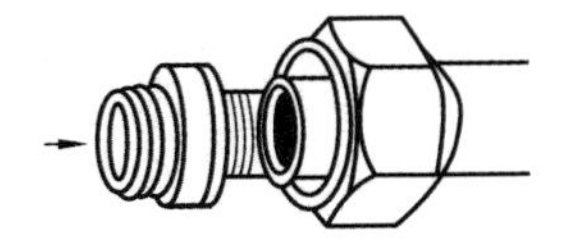

用扳手旋紧螺母

图 1-19　接头的锁紧

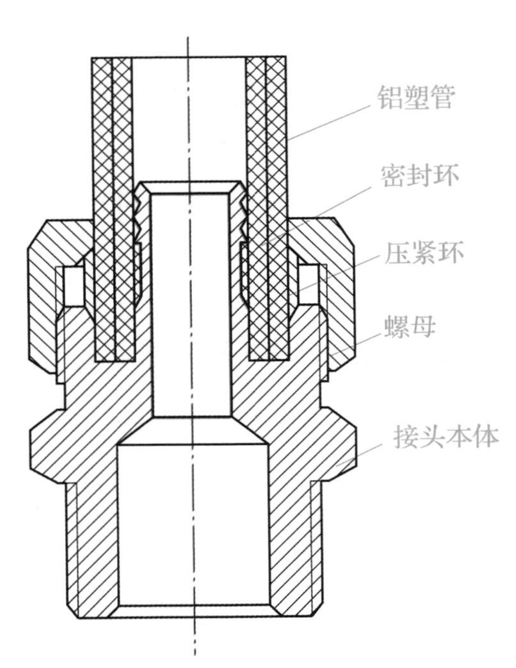

图 1-20　接头与管的配合

四、给水管道安装质量及允许偏差

1. 主控项目

1）室内给水管道的水压试验必须符合设计要求。当设计未注明时，各种材质的给水管道系统试验压力均为工作压力的 1.5 倍，但不得小于 0.6 MPa。

检验方法：金属及复合管给水管道系统先在试验压力下观测 10 min，压力降应不大于 0.02 MPa，然后降到工作压力进行检查，应不渗不漏；塑料管给水系统应在试验压力下稳压 1 h，压力降不得超过 0.05 MPa，然后在工作压力的 1.15 倍状态下稳压 2 h，压力降不得超过 0.03 MPa，同时检查各连接处，不得渗漏。

2）给水系统交付使用前必须进行通水试验并做好记录。

检验方法：观察和开启阀门水嘴等放水。

3）生产给水系统管道在交付使用前必须冲洗和消毒，并经有关部门取样检验符合《生活饮用水卫生标准》(GB 5749—2006）后方可使用。

检验方法：检查有关部门提供的检测报告。

4）室内直埋给水管道（塑料管道和复合管道除外）应做防腐处理。埋地管道防腐层材质和结构应符合设计要求。

检验方法：观察或局部解剖检查。

2. 一般项目

1）给水引入管与排水排出管的水平净距不得小于 1 m。室内给水与排水管道平行敷设时，两管间的最小水平净距不得小于 0.5 m；交叉铺设时，垂直净距不得小于 0.15 m。给水管应铺在排水管上面，若给水管必须铺在排水管的下面，给水管应加套管，其长度不得小于排水管管径的 3 倍。

检验方法：尺量检查。

2）管道及管件焊接的焊缝表面质量应符合下列要求。

①焊缝外形尺寸应符合图样和工艺文件的规定，焊缝高度不得低于母材表面，焊缝与母材应圆滑过渡。

②焊缝及热影响区表面应无裂纹、未熔合、未焊透、夹渣、弧坑和气孔等缺陷。

检验方法：观察检查。

3）给水水平管道应有 2‰~5‰的坡度坡向泄水装置。

检验方法：水平尺和尺量检查。

4）给水管道及其阀门安装的允许偏差和检验方法见表 1-13。

表 1-13　给水管道及其阀门安装的允许偏差和检验方法

项次	项目			允许偏差/mm	检验方法
1	水平管道纵横方向弯曲	钢管	每米	1	用水平尺、直尺、拉线和尺量检查
			全长 25 m 以上	≤25	
		塑料管复合管	每米	1. 5	
			全长 25 m 以上	≤25	
		铸铁管	每米	2	
			全长 25 m 以上	≤25	
2	立管垂直度	钢管	每米	3	吊线和尺量检查
			5 m 以上	≤8	
		塑料管复合管	每米	2	
			5 m 以上	≤8	
		铸铁管	每米	3	
			5 m 以上	≤10	
3	成排管段和成排阀门		在同一平面上间距	3	尺量检查

5）管道的支、吊架安装应平整牢固，其间距应符合表 1-14～表 1-16 的规定。

检验方法：观察尺量及手扳检查。

表 1-14　钢管管道支架的最大间距

公称直径/mm		15	20	25	32	40	50	70	80	100	125	150	200	250	300
支架的最大间距/m	保温管	2	2. 5	2. 5	2. 5	3	3	4	4	4. 5	6	7	7	8	8. 5
	不保温管	2. 5	3	S. 5	4	4. 5	5	6	6	6. 5	7	8	9. 5	11	12

表 1-15　塑料管及复合管管道支架的最大间距

管径/mm			12	14	16	18	20	25	32	40	50	63	75	90	110
最大间距/m	立管		0. 5	0. 6	0. 7	0. 8	0. 9	1. 0	1. 1	1. 3	1. 6	1. 8	2. 0	2. 2	2. 4
	水平管	冷水管	0. 4	0. 4	0. 5	0. 5	0. 6	0. 7	0. 8	0. 9	1. 0	1. 1	1. 2	1. 35	1. 55
		热水管	0. 2	0. 2	0. 25	0. 3	0. 3	0. 35	0. 4	0. 5	0. 6	0. 7	0. 8		

表 1-16　铜管管道支架的最大间距

公称直径/mm		15	20	25	32	40	50	65	80	100	125	150	200
支架的最大间距/m	垂直管	1. 8	2. 4	2. 4	3. 0	3. 0	3. 0	3. 5	3. 5	3. 5	3. 5	4. 0	4. 0
	水平管	1. 2	1. 8	1. 8	2. 4	2. 4	2. 4	3. 0	3. 0	3. 0	3. 0	3. 5	3. 5

6）水表应安装在便于检修、不受曝晒、污染和冻结的地方。安装螺翼式水表，表前与阀门应有不小于8倍水表接口直径的直线管段，表外壳距墙表面净距为10~30 mm；水表进水口中心标高按设计要求，允许偏差为±10 mm。

检验方法：观察和尺量检查。

任务三　室内消火栓给水系统安装

任务描述

室内消火栓给水系统安装的一般流程为：安装准备—干管安装—箱体及支管安装—箱体配件安装—通水调试。

任务实施

第一步：安装准备

认真熟悉图样，结合现场情况复核管道的坐标、标高是否位置得当；如有问题，及时与设计人员研究解决，办理洽商手续。

检查预留及预埋是否正确，临时剔凿应与设计工建协调好。

检查设备材料是否符合设计要求和质量标准。

安排合理的施工顺序，避免工种交叉作业干扰，影响施工。

第二步：干管安装

消火栓类的消防器材系统干管安装应根据设计要求使用管材，按压力要求选用碳素钢管或无缝钢管。

管道在焊接前应清除接口处的浮锈、污垢及油脂。

当壁厚≤4 mm、直径≤50 mm时，采用气焊；当壁厚≥4. 5 mm、直径大于70 mm时，采用电焊。

不同管径的管道焊接，连接时如两管径相差不超过小管径的15%，可将大管端部缩口与小管对焊。如果两管相差超过小管径15%，应采用变径管件焊接。

管道对口焊缝上不得开口焊接支管，焊口不得安装在支吊架位置上。

管道穿墙处不得有接口；管道穿过伸缩缝处应有防冻措施。

碳素钢管开口焊接时要错开焊缝，并使焊缝朝向易观察和维修的方向上。

管道焊接时先点焊三点以上，然后检查预留口位置、方向、变径等，确定无误后，找直找正再焊接，紧固卡件，拆掉临时固定件。

第三步：箱体及支管安装

1. 箱体

室内消火栓箱的安装方式有明装、暗装和半暗装 3 种。

（1）明装

明装于砖墙上的消火栓箱应按图 1-21 所示安装固定。明装于混凝土墙、柱上的消火栓箱应按图 1-22 所示安装固定。

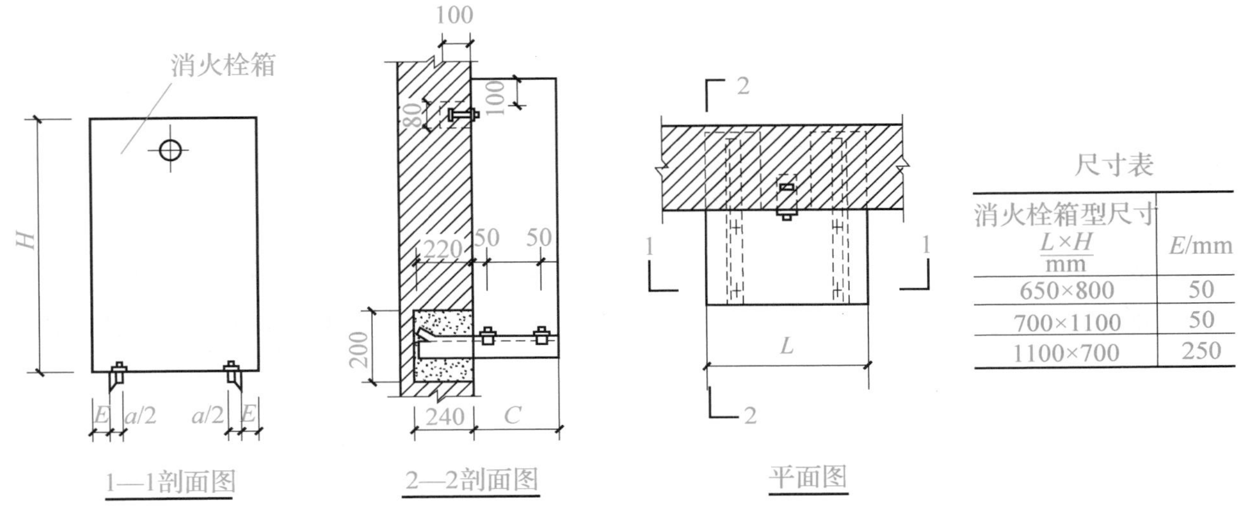

消火栓箱型尺寸 $\frac{L\times H}{mm}$	E/mm
650×800	50
700×1100	50
1100×700	250

图 1-21 明装于砖墙上的消火栓箱安装固定图

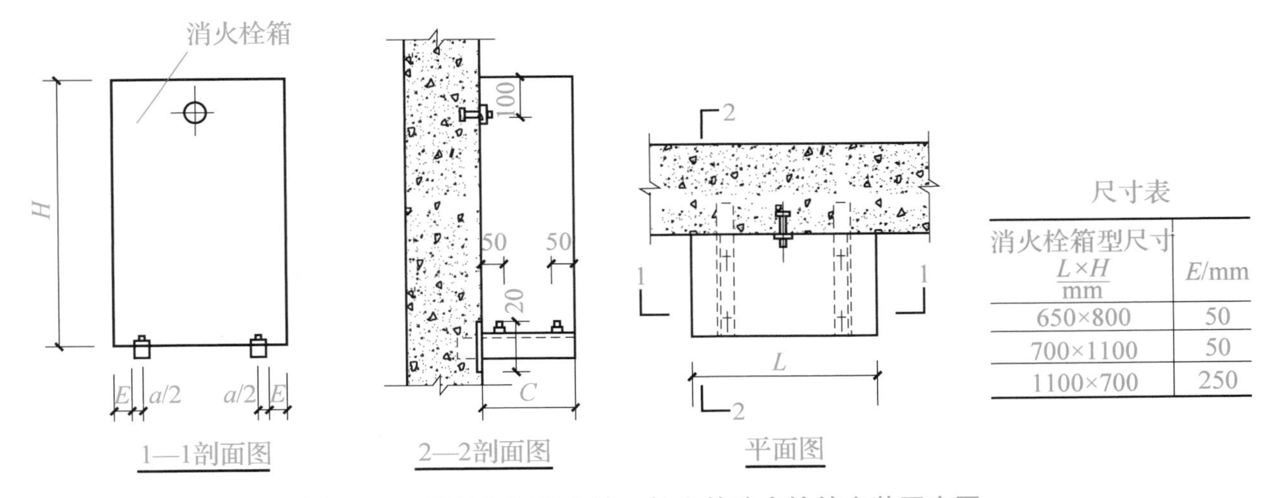

消火栓箱型尺寸 $\frac{L\times H}{mm}$	E/mm
650×800	50
700×1100	50
1100×700	250

图 1-22 明装于混凝土墙、柱上的消火栓箱安装固定图

（2）暗装

暗装于混凝土墙、柱上的消火栓箱应按图 1-23 所示安装固定。

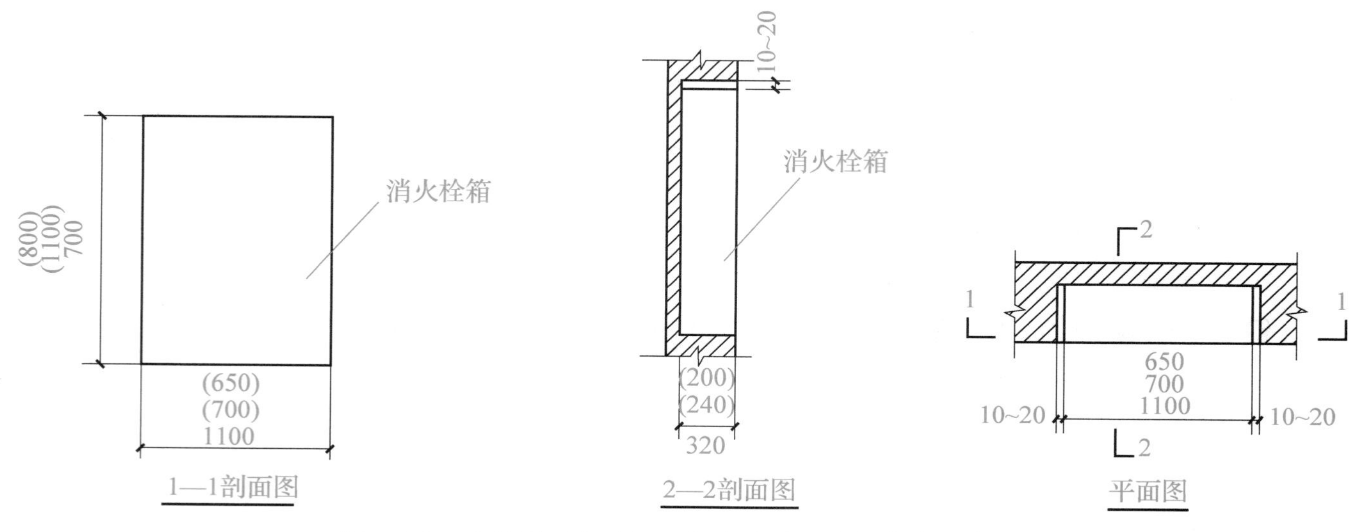

图 1-23　暗装于混凝土墙、柱上的消火栓箱安装固定图

（3）半暗装

半暗装于砖墙上的消火栓箱应按图 1-24 所示安装固定。安装消火栓箱时，必须取下箱内的水枪、消防水龙带等部件。不允许用钢钎撬、锤子敲的方法强行将箱体塞入预留孔洞内。

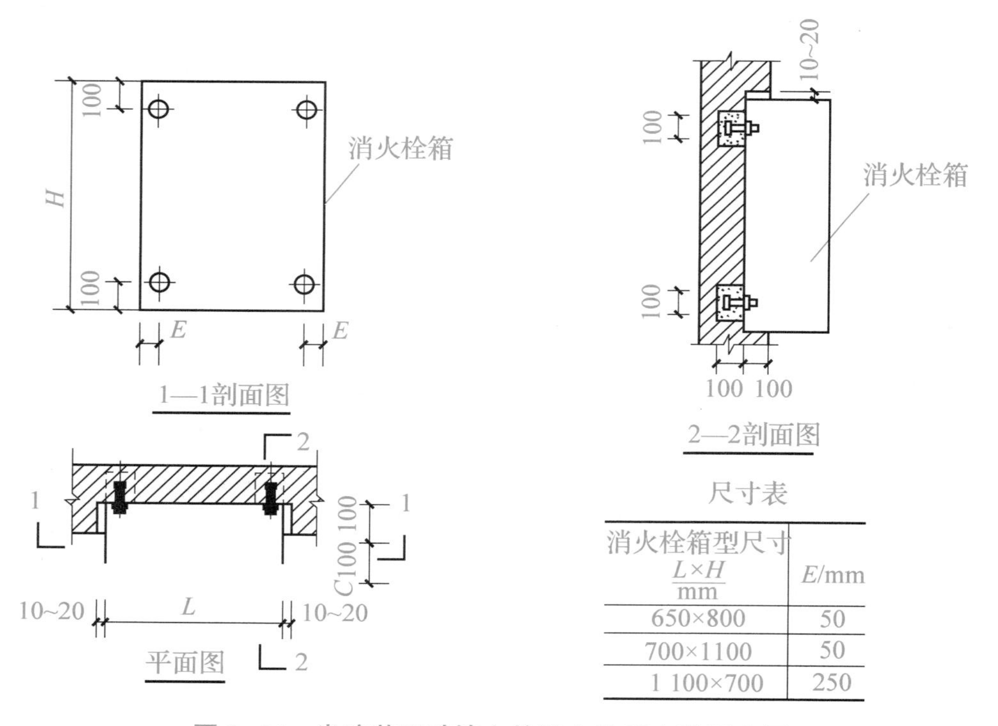

尺寸表

消火栓箱型尺寸 $\frac{L \times H}{mm}$	E/mm
650×800	50
700×1100	50
1 100×700	250

图 1-24　半暗装于砖墙上的消火栓箱安装固定图

消火栓箱如设置在有可能冻结的场所，应采取相应的防冻、防寒措施。

2. 支管

消火栓箱支管要以栓阀的坐标标高定位甩口，核定后再稳固消火栓箱，箱体找正稳固后再把栓阀安装好，栓阀侧装在箱内时应在箱门开启的一侧，箱门开关应灵活。

第四步：箱体配件安装

箱体配件安装应在交付前进行。消防水龙带应折好放在挂架上或卷实、盘紧放在箱内；消防水枪要竖放在箱体内侧，自救式水枪和软管应放在挂卡上或放在箱底部。消防水龙带与水枪、快速接头的连接一般用 14 号铅丝绑扎两道，每道不少于两圈，使用卡箍时，在里侧加一道铅丝。设有电控按钮时，应注意与电气专业配合施工。

第五步：通水调试

通水调试前消防设备（包括水泵、结合器、节流装置等）应安装完，其中水泵应做完单机调试工作。

知识链接

室内消火栓系统安装质量检查及允许偏差

1. 主控项目

室内消火栓系统安装完成后，应取屋顶层（或水箱间内）试验消火栓和首层取两处消火栓做试射试验，达到设计要求为合格。

检验方法：实地试射检查。

2. 一般项目

1）安装消火栓水龙带，水龙带与水枪和快速接头绑扎好后，应根据箱内构造将水龙带挂放在箱内的挂钉、托盘或支架上。

检验方法：观察检查。

2）箱式消火栓的安装应符合下列规定。

①栓口应朝外，并不应安装在门轴侧。

②栓口中心距地面为 1.1 m，允许偏差为±20 mm。

③阀门中心距箱侧面为 140 mm，距箱后内表面为 100 mm，允许偏差±5 mm。

④消火栓箱体安装的垂直度允许偏差为 3 mm。

检验方法：观察和尺量检查。

任务四　自动喷水灭火系统安装

任务描述

自动喷水灭火系统安装的一般流程为：安装准备—管道安装—喷头安装—报警阀组安装其他组件安装—管道试压—管道清洗—系统调试。

任务实施

第一步：安装准备

1. 安装条件

1）施工图及有关技术文件齐全。

2）设计部门已向施工单位进行技术交底。

3）系统管件、阀门、管材及设备能保证正常施工且符合设计要求。

4）施工现场用电、水、气能满足施工要求。

5）预留安装孔洞，预埋的支、吊架构件均完好无损，并经检查符合设计要求。

6）施工安装积聚、吊装设备、必要的脚手架或安装平台已备好。

2. 喷头、阀门及附件、管材、管件的检验

1）喷头的型号、规格应符合设计要求，商标、公称动作温度、制造厂家及生产日期等标志齐全。

2）喷头外观无加工缺陷和机械损伤。喷头螺纹密封面应完整、光滑，无损伤、毛刺、缺丝和断丝等现象。

3）闭式喷头应从每批进货中抽查1%且不少于5只进行密封性能试验，试验压力为3.0 MPa,试验时间不得少于3 min，无渗漏、无损伤、无变形为合格；如有1只不合格，再抽取2%且不少于10只重做试验；如仍有1只不合格，则该批喷头不得使用。

4）阀门及附件的型号、规格应符合设计要求，各类阀门及附件应完好无损，启闭应灵活、严密。

5）水力警铃的铃锤应转动灵活，无阻滞现象。报警阀应逐个进行密封性试验，试验压力为工作压力的2倍，试验时间为5 min，阀瓣处无渗漏为合格。

6）管材、管件种类、规格应符合设计要求，并完好无损。

第二步：管道安装

1）自动喷水灭火系统管材应采用镀锌钢管，公称直径≤100 mm 时应采用螺纹连接；公称直径>100 mm 或管子与设备、法兰阀门连接时应采用法兰连接，管子与法兰的焊接处应做好防腐处理。

2）管道安装应符合设备要求，管道中心与梁、柱、顶棚的最小距离应符合表 1-17 的要求。

表 1-17　管道中心与梁、柱、顶棚的最小距离　（单位：mm）

公称直径	25	32	40	50	65	80	100	125	150	200
距离	40	40	50	60	70	80	100	125	150	200

3）螺纹连接的管道变径时宜采用异径接头，弯头处不得采用补芯；若必须采用补芯，则三通上只能用 1 个。

4）水平横管的支、吊架安装应符合以下要求。

①管道支、吊架间距不大于表 1-18 的规定。

表 1-18　管道支、吊架间距　（单位：mm）

公称直径	25	32	40	50	65	80	100	125	150	200	250	300
距离	3.5	4.0	4.5	5.0	6.0	6.0	6.5	7.0	8.0	9.5	11.0	12.0

②相邻两喷头之间的管段至少应设 1 个支（吊）架。当喷头间距小于 1.8 m 时，可隔段设置，但支（吊）架间距应不大于 3.6 m。

③沿屋面坡度布置配水支管，当坡度大于 1：3 时，应采取防滑措施，以防短立管与配水管受扭。

5）为防止喷水时管道沿管线方向晃动，应在下列部位设置防晃支架。

①配水管一般在中点设 1 个（当公称直径≤50 mm 时可不设）。

②配水干管及配水管、配水支管的长度超过 15 m 时，每 15 m 长度内最少设 1 个（公称直径≤40 mm 的管段可不计算在内）。

③公称直径≥50 mm 的管道拐弯处应设 1 个。

④竖直安装的配水干管应在其始端和终端设防晃支架或用管卡固定。其安装位置距地面 1.5~1.8 m；配水干管穿越多层建筑时，应隔层设 1 个防晃支架。

防晃支架的制作可参考图 1-25，用于制作防晃支架的型钢最大长度见表 1-19。

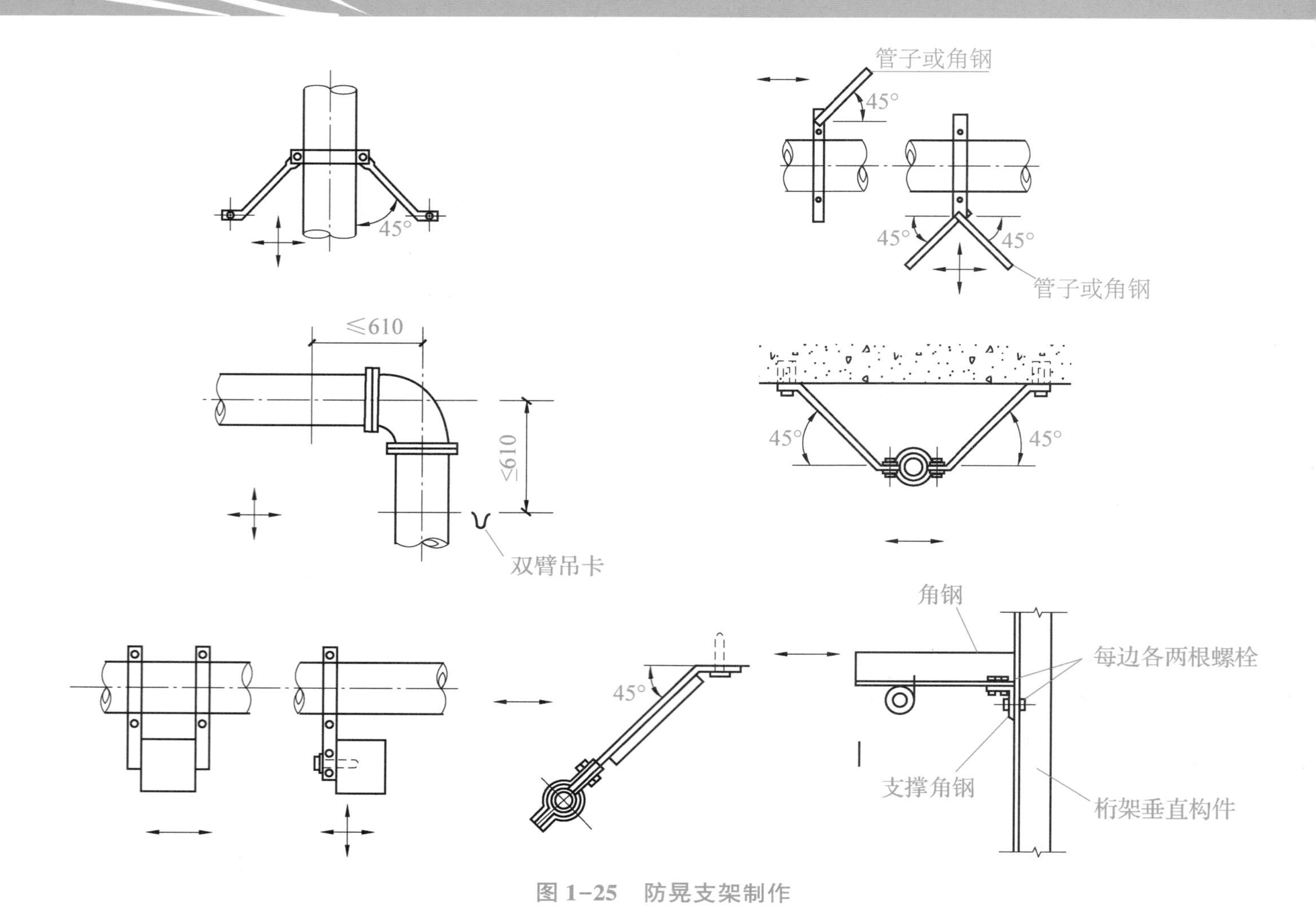

图 1-25 防晃支架制作

表 1-19 用于制作防晃支架的型钢最大长度

型号规格	最大长度/mm	型号规格	最大长度/mm
角钢		扁钢	
45×45×6	1470	40×7	360
50×50×6	1980	50×7	360
63×63×6	2130	50×10	530
63×63×8	2490	钢管	
75×50×10	2690	DN25	2130
80×80×7	3000	DN32	2740
圆钢		DN40	3150
ф 20	940	DN50	3990
ф 22	1090		

注：1. 型钢的长细比要求为 $L/r\leqslant 200$（L 为支撑长度；r 为最小截面回转半径）。

2. 如支架长度超过表中长度，应按长细比要求确定型钢的规格。

防晃支架的强度应能承受管道、配件及管内水的重力和50%的水平方向的推动力而不致损伤或产生永久变形。管子穿梁时，若用铁圈将管道紧固于混凝土结构上，则可将其作为一个防晃支架。

6）管道穿过沉降缝或伸缩缝时，应设置柔性短管，管道穿墙或楼板时应加套管。套管长度应等于墙厚或高出地面 50 mm，焊接环缝不得置于套管内。套管与管道之间的环形间隙应填充阻燃材料。

7）水平敷设的管道应有 0.002~0.005 的坡度，坡向泄水点。

第三步：喷头安装

1）喷头安装应在系统试压、冲洗合格后进行。

2）喷头安装时宜采用专用的弯头、三通。

3）喷头安装时，不得对喷头进行拆装、改动，并严禁给喷头附加任何装饰性涂层。

4）喷头安装应使用专用扳手，严禁利用喷头的框架施拧；喷头的框架、溅水盘产生变形或释放原件损伤时，应采用规格、型号相同的喷头更换。

5）当喷头的公称直径小于 10 mm 时，应在配水干管或配水管上安装过滤器。

6）安装在易受机械损伤处的喷头，应加设喷头防护罩。喷头溅水盘高于梁底、通风管道腹面的最大垂直距离。

7）喷头安装时，溅水盘与吊顶、门、窗、洞口或墙面的距离应符合设计要求。

8）当喷头溅水盘高于附近梁底或高于宽度小于 1.2 m 的通风管道腹面时，喷头溅水盘高于梁底、通风管道腹面的最大垂直距离应符合表 1-20~表 1-28 的规定。

表 1-20 喷头溅水盘高于梁底、通风管道腹面的最大垂直距离

（标准直立与下垂喷头） （单位：mm）

喷头与梁、通风管道、排管、桥架的水平距离 a	喷头溅水盘高于梁底、通风管道、排管、桥架腹面的最大垂直距离 b
$a<300$	0
$300\leqslant a<600$	60
$600\leqslant a<900$	140
$900\leqslant a<1200$	240
$1200\leqslant a<1500$	350
$1500\leqslant a<1800$	450
$1800\leqslant a<2100$	600
$a\geqslant 2100$	880

表 1-21　喷头溅水盘高于梁底、通风管道腹面的最大垂直距离

（边墙型喷头，与障碍物平行）　　（单位：mm）

喷头与梁、通风管道、排管、桥架的水平距离 a	喷头溅水盘高于梁底、通风管道、排管、桥架腹面的最大垂直距离 b
$a<300$	30
$300 \leqslant a<600$	30
$600 \leqslant a<900$	140
$900 \leqslant a<1200$	200
$1200 \leqslant a<1500$	250
$1500 \leqslant a<1800$	320
$1800 \leqslant a<2100$	380
$2100 \leqslant a<2250$	440

表 1-22　喷头溅水盘高于梁底、通风管道腹面的最大垂直距离

（边墙型喷头，与障碍物垂直）　　（单位：mm）

喷头与梁、通风管道、排管、桥架的水平距离 a	喷头溅水盘高于梁底、通风管道、排管、桥架腹面的最大垂直距离 b
$a<1200$	不允许
$1200 \leqslant a<1500$	30
$1500 \leqslant a<1800$	50
$1800 \leqslant a<2100$	100
$2100 \leqslant a<2400$	180
$a \geqslant 2400$	280

表 1-23　喷头溅水盘高于梁底、通风管道腹面的最大垂直距离

（扩大覆盖面直立与下垂喷头）　　（单位：mm）

喷头与梁、通风管道、排管、桥架的水平距离 a	喷头溅水盘高于梁底、通风管道、排管、桥架腹面的最大垂直距离 b
$a<300$	0
$300 \leqslant a<600$	0
$600 \leqslant a<900$	30
$900 \leqslant a<1200$	80
$1200 \leqslant a<1500$	130
$1500 \leqslant a<1800$	180
$1800 \leqslant a<2100$	230

续表

喷头与梁、通风管道、排管、桥架的水平距离 a	喷头溅水盘高于梁底、通风管道、排管、桥架腹面的最大垂直距离 b
$2100 \leqslant a < 2400$	350
$2400 \leqslant a < 2700$	380
$2700 \leqslant a < 3000$	480

表 1–24　喷头溅水盘高于梁底、通风管道腹面的最大垂直距离

（扩大覆盖面边墙型喷头，与障碍物平行）　　（单位：mm）

喷头与梁、通风管道、排管、桥架的水平距离 a	喷头溅水盘高于梁底、通风管道、排管、桥架腹面的最大垂直距离 b
$a < 450$	0
$450 \leqslant a < 900$	30
$900 \leqslant a < 1200$	80
$1200 \leqslant a < 1350$	130
$1350 \leqslant a < 1800$	280
$1800 \leqslant a < 1950$	230
$1950 \leqslant a < 2100$	280
$2100 \leqslant a < 2250$	350

表 1–25　喷头溅水盘高于梁底、通风管道腹面的最大垂直距离

（扩大覆盖面边墙型喷头，与障碍物垂直）　　（单位：mm）

喷头与梁、通风管道、排管、桥架的水平距离 a	喷头溅水盘高于梁底、通风管道、排管、桥架腹面的最大垂直距离 b
$a < 2400$	不允许
$2400 \leqslant a < 3000$	30
$3000 \leqslant a < 3300$	50
$3300 \leqslant a < 3600$	80
$3600 \leqslant a < 3900$	100
$3900 \leqslant a < 4200$	150
$4200 \leqslant a < 4500$	180
$4500 \leqslant a < 4800$	230
$4800 \leqslant a < 5100$	280
$a \geqslant 5100$	350

表 1-26　喷头溅水盘高于梁底、通风管道腹面的最大垂直距离

（特殊应用喷头）

（单位：mm）

喷头与梁、通风管道、排管、桥架的水平距离 a	喷头溅水盘高于梁底、通风管道、排管、桥架腹面的最大垂直距离 b
$a<300$	0
$300 \leq a<600$	40
$600 \leq a<900$	140
$900 \leq a<120$	250
$1200 \leq a<1500$	380
$1500 \leq a<1800$	550
$a \geq 1800$	780

表 1-27　喷头溅水盘高于梁底、通风管道腹面的最大垂直距离（ESFR 喷头）

（单位：mm）

喷头与梁、通风管道、排管、桥架的水平距离 a	喷头溅水盘高于梁底、通风管道、排管、桥架腹面的最大垂直距离 b
$a<300$	0
$300 \leq a<600$	40
$600 \leq a<900$	140
$900 \leq a<1200$	250
$1200 \leq a<1500$	380
$1500 \leq a<1800$	550
$a \geq 1800$	780

表 1-28　喷头溅水盘高于梁底、通风管道腹面的最大垂直距离

（直立和下垂型家用喷头）

（单位：mm）

喷头与梁、通风管道、排管、桥架的水平距离 a	喷头溅水盘高于梁底、通风管道、排管、桥架腹面的最大垂直距离 b
$a<450$	0
$450 \leq a<900$	30
$900 \leq a<1200$	80
$1200 \leq a<1350$	130
$1350 \leq a<1800$	180

续表

喷头与梁、通风管道、排管、桥架的水平距离 a	喷头溅水盘高于梁底、通风管道、排管、桥架腹面的最大垂直距离 b
$1350 \leqslant a < 1950$	230
$1950 \leqslant a < 2100$	280
$a \geqslant 2100$	350

9）当通风管道宽度大于 1.2 m 时，喷头应安装在其腹面以下部位。

10）当喷头安装在不到顶的隔断附近时，喷头与隔断的水平距离和最小垂直距离应符合表 1-29 的规定（见图 1-26）。

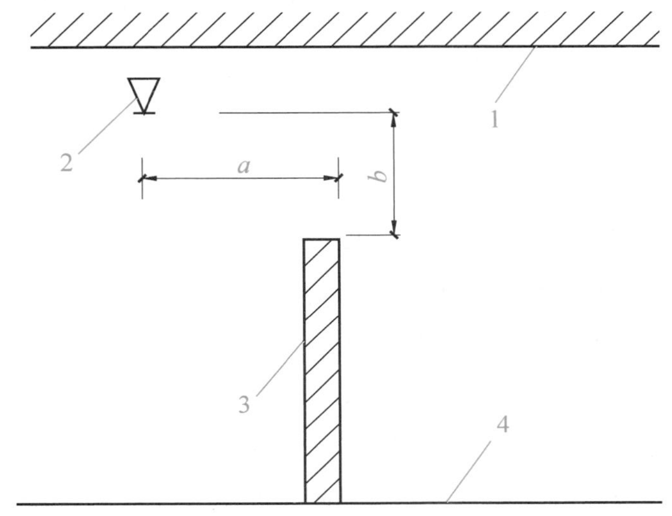

图 1-26　喷头与隔断障碍物的距离

1—天花板或屋顶；2—喷头；3—障碍物；4—地板

表 1-29　喷头与隔断的水平距离和最小垂直距离　（单位：mm）

喷头与隔断的水平距离 a	喷头与隔断的最小垂直距离 b
$a < 150$	80
$150 \leqslant a < 300$	150
$300 \leqslant a < 450$	240
$450 \leqslant a < 600$	310
$600 \leqslant a < 750$	390
$a \geqslant 750$	450

第四步：报警阀组安装

报警阀组的安装应在供水管网试压、冲洗合格后进行。安装时，应先安装水源控制阀、报警阀，然后进行报警阀辅助管道的连接。水源控制阀、报警阀与配水干管的连接，应使水流方向一致。报警阀组安装的位置应符合设计要求；当设计无要求时，报警阀组应安装在便于操作的明显位置，距室内陆面高度宜为 1.2 m；两侧与墙的距离应不小于 0.5 m；正面与墙应小于 1.2 m；报警阀组凸出部位之间的距离应不小于 0.5 m。安装报警阀组的室内陆面应有排水设施，排水能力应满足报警阀调试、验收和利用试水阀门泄空系统管道的要求。

1. 湿式报警阀组安装要求

1）应使报警阀前后的管道中能顺利充满水；压力波动时，水力警铃应不发生误报警。

2）报警水流通路上的过滤器应安装在延迟器前，且便于排渣操作的位置。

湿式报警阀组安装如图 1-27 所示。

2. 干式报警阀组安装要求

1）应安装在不发生冰冻的场所。

2）安装完成后，应向报警阀气室注入高度为 50~100 mm 的清水。

3）充气连接管接口应在报警阀气室充注水位以上部位，且充气连接管的直径应不小于 15 mm；止回阀、截止阀应安装在充气连接管上。

4）气源设备的安装应符合设计要求和国家现行有关标准的规定。

5）安全排气阀应安装在气源与报警阀之间，且应靠近报警阀。

6）加速器应安装在靠近报警阀的位置，且应有防止水进入加速器的措施。

7）低气压预报警装置应安装在配水干管一侧。

8）下列部位应安装压力表：

①报警阀充水一侧和充气一侧。

②空气压缩机的气泵和储气罐上。

③加速器上。

干式报警阀组构造图如图 1-28 所示。

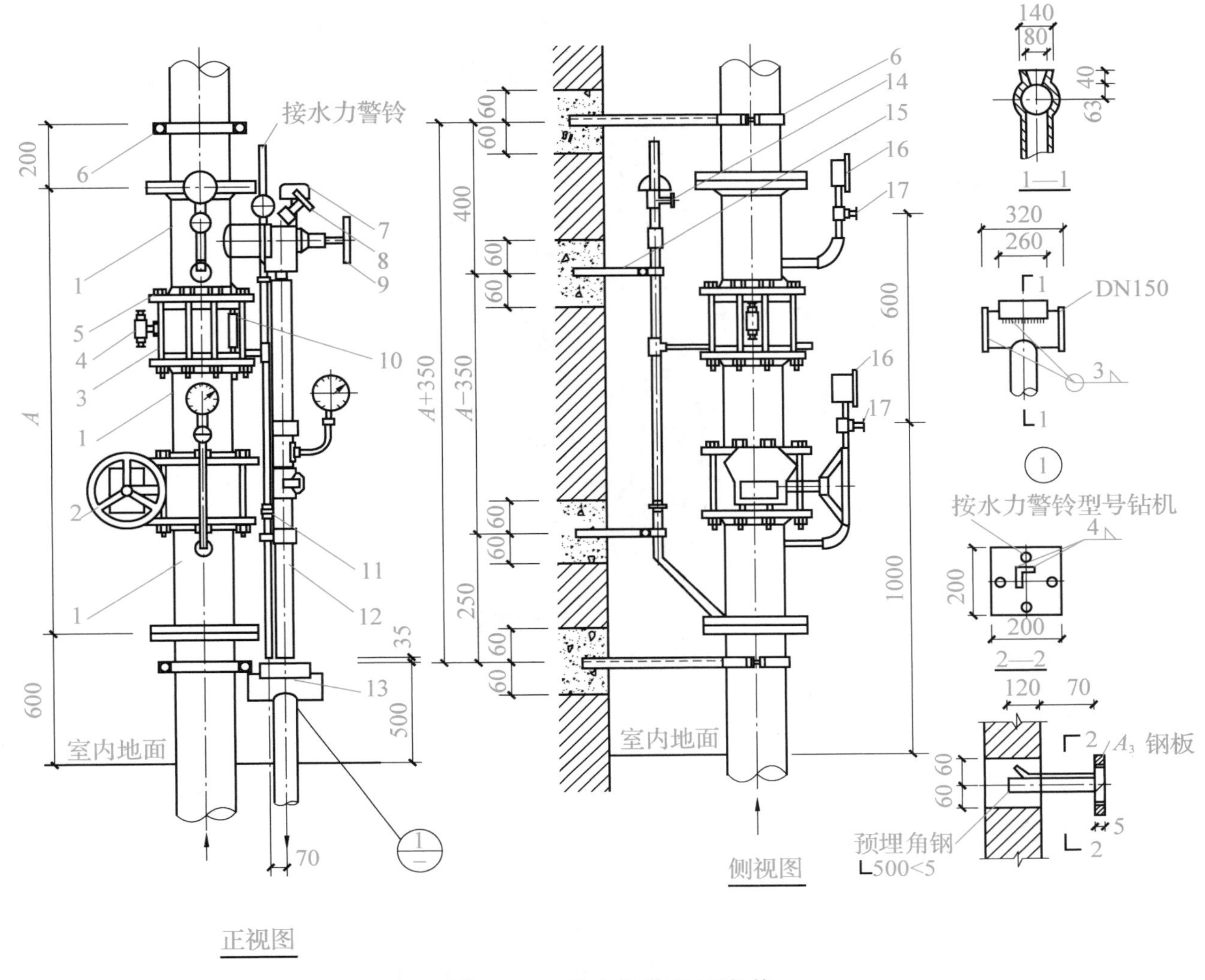

图 1-27　湿式报警阀组安装

1—装配管；2—信号阀；3—湿式阀；4—排水阀；5—螺栓；6—固定支架；7—压力开关；8—试验阀；9—泄放试验阀；10—起顶螺栓；11—排水小孔接管；12—试验排水短管；13—排水漏斗；14—截止阀；15—固定支架；16—压力表；17—表前阀

3. 雨淋阀组安装要求

1）雨淋阀组可采用电动开启、传动管开启或手动开启，开启控制装置的安装应安全可靠。水传动管的安装应符合湿式系统有关要求。

2）预作用系统雨淋阀组后的管道若需充气，其安装应按干式报警阀组有关要求进行。

3）雨淋阀组的观测仪表和操作阀门的安装位置应符合设计要求，并应便于观测和操作。

4）雨淋阀组手动开启装置的安装位置应符合设计要求，且在发生火灾时应能安全开启和便于操作。

5）压力表应安装在雨淋阀的水源一侧。

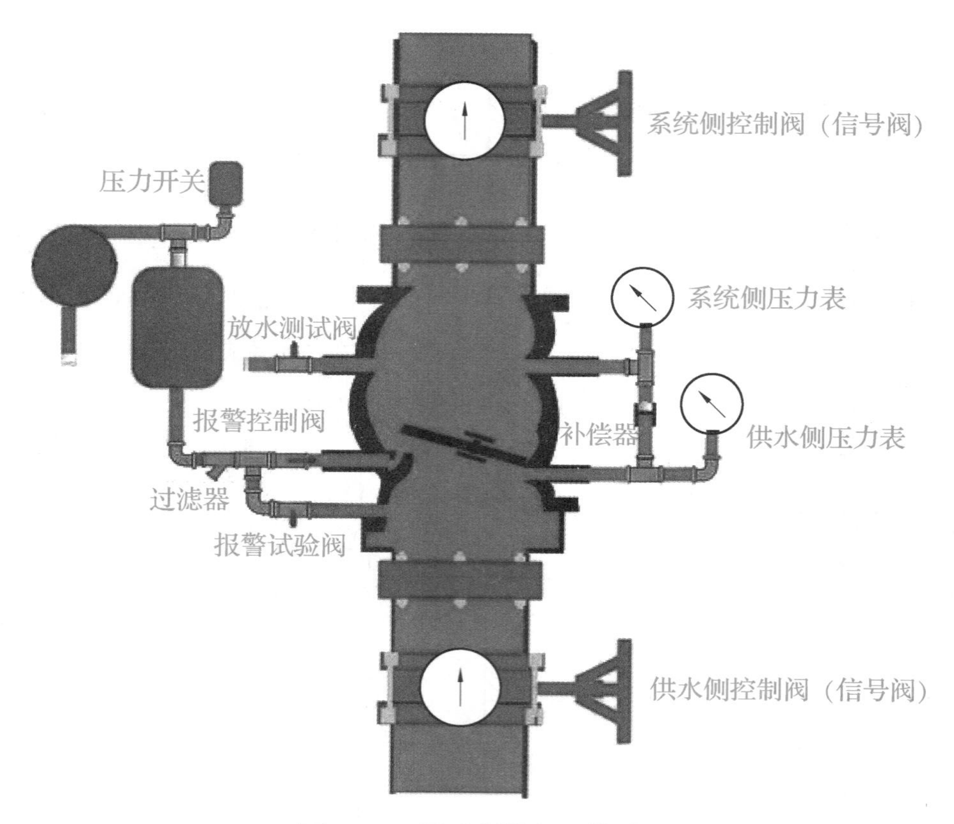

图 1-28　干式报警阀组构造图

雨淋阀组效果图如图 1-29 所示。

图 1-29　雨淋阀组效果图

第五步：其他组件安装

1）水力警铃应装于公共通道上或值班室附近的外墙上，并应装检修、测试用的阀门。水力警铃与报警阀的连接管应采用镀锌钢管，当公称直径为 20 mm 时，其长度应不大于 20 m，且填料应采用聚四氟乙烯生料带。安装后的水力警铃启动时，警铃声强度应不小于 70 dB。

2）水流指示器应使电器元件部位竖直安装于水平管道上侧，动作方向和水流方向一致，指示器桨片、膜片应动作灵活，不得与管壁发生碰擦。

3）信号阀应安装在水流指示器前不小于 300 mm 的位置。

4）节流装置应安装在公称直径≥50 mm 的水平管段上，减压孔板应装于管道内水流转弯处下游一侧直管段上，与转弯处距离不小于 2 倍的管子公称直径。

5）排气阀的规格、安装部位应符合设计图样要求，安装方向正确。阀内清洁、无堵塞，不渗漏。系统中的主要控制阀必须安装启闭标志。

6）排气阀应在系统管网试压、冲洗合格后安装于配水干管顶部和配水管的末端，且确保不渗漏。

7）压力开关宜竖直安装在通往水力警铃的管道上，在安装过程中不应拆动。

8）末端试水装置安装在分区管网末端或系统管网末端。

第六步：管道试压

1. 水压试验

1）当系统设计工作压力等于或小于 1.0 MPa 时，水压强度试验压力应为设计工作压力的 1.5 倍，并应不低于 1.4 MPa；当系统设计工作压力大于 1.0 MPa 时，水压强度试验压力应为该工作压力加 0.4 MPa。

2）水压强度试验的测试点应设在系统管网的最低点。对管网注水时应将管网内的空气排净，并应缓慢升压，达到试验压力后稳压 30 min，管网应无泄漏、无变形，且压力降应不大于 0.05 MPa。

3）水压严密性试验应在水压强度试验和管网冲洗合格后进行。试验压力应为设计工作压力，稳压 24 h，应无泄漏。

4）水压试验时环境温度不宜低于 5℃，当低于 5℃时，水压试验应采取防冻措施。

5）自动喷水灭火系统的水源干管、进户管和室内埋地管道，应在回填前单独或与系统一起进行水压强度试验和水压严密性试验。

6）自动喷水灭火系统的水源干管、进户管和室内埋地管道，应在回填前单独或与系统一起进行水压强度试验和水压严密性试验。

2. 气压试验

1）气压严密性试验压力应为 0.28 MPa，且稳压 24 h，压力降应不大于 0.01 MPa。

2）气压试验的介质宜采用空气或氮气。

第七步：管道清洗

1）管网冲洗的水流流速、流量应不小于系统设计的水流流速、流量；管网冲洗宜分区、分段进行；水平管网冲洗时，其排水管位置应低于配水支管。

2）管网冲洗的水流方向应与灭火时管网的水流方向一致。

3）管网冲洗应连续进行。当出口处水的颜色、透明度与入口处水的颜色、透明度基本一致时冲洗方可结束。

4）管网冲洗宜设临时专用排水管道，其排放应通畅和安全。排水管道的截面面积不得小于被冲洗管道截面面积的60%。

5）管网的地上管道与地下管道连接前，应在配水干管底部加设堵头后对地下管道进行冲洗。

6）管网冲洗结束后，应将管网内的水排除干净，必要时可采用压缩空气吹干。

第八步：系统调试

系统调试在系统施工完成后进行。调试前应保证系统具备下列条件：消防水池、消防水箱已储存设计要求的水量；系统供电正常；消防气压给水设备的水位、气压符合设计要求；湿式喷水灭火系统管网内已充满水；干式、预作用喷水灭火系统管网内的气压符合设计要求；阀门均无泄漏；与系统配套的火灾自动报警系统处于工作状态。

系统调试包括下列内容：水源测试、消防水泵调试、稳压泵调试、报警阀调试、排水设施调试、联动试验。

（1）水源测试

1）按设计要求核实高位消防水箱、消防水池的容积，高位消防水箱设置高度、消防水池（箱）水位显示等应符合设计要求；合用水池、水箱的消防储水应有不作他用的技术措施。

2）按设计要求核实消防水泵接合器的数量和供水能力，并应通过移动式消防水泵做供水试验进行验证。

（2）消防水泵调试

1）以自动或手动方式启动消防水泵时，消防水泵应在55 s内投入正常运行。

2）以备用电源切换方式或备用泵切换启动消防水泵时，消防水泵应在1 min或2 min内投入正常运行。

（3）稳压泵调试

稳压泵应按设计要求进行调试。当达到设计启动条件时，稳压泵应立即启动；当达到系统设计压力时，稳压泵应自动停止运行；当消防主泵启动时，稳压泵应停止运行。

（4）报警阀调试

1）湿式报警阀调试时，在末端装置处放水，当湿式报警阀进口水压大于0.14 MPa、放水流量大于 1 L/s 时，报警阀应及时启动；带延迟器的水力警铃应在 5~90 s 内发出报警铃声，不带延迟器的水力警铃应在 15 s 内发出报警铃声；压力开关应及时动作，启动消防泵并反馈信号。

2）干式报警阀调试时，开启系统试验阀，报警阀的启动时间、启动点压力、水流到试验装置出口所需时间，均应符合设计要求。

3）雨淋阀调试宜利用检测、试验管道进行。自动和手动方式启动的雨淋阀，应在 15 s 内启动；公称直径大于 200 mm 的雨淋阀调试时，应在 60 s 内启动。雨淋阀调试时，当报警水压为 0.05 MPa 时，水力警铃应发出报警铃声。

（5）排水设施调试

调试过程中，系统排出的水应通过排水设施全部排走。

（6）联动试验

1）湿式系统的联动试验，启动一只喷头或以 0.94~1.5 L/s 的流量从末端试水装置处放水时，水流指示器、报警阀、压力开关、水力警铃和消防水泵等应及时动作，并发出相应的信号。

2）预作用系统、雨淋系统、水幕系统的联动试验，可采用专用测试仪表或其他方式，对火灾自动报警系统的各种探测器输入模拟火灾信号，火灾自动报警控制器应发出声光报警信号，并启动自动喷水灭火系统；采用传动管启动的雨淋系统、水幕系统联动试验时，启动 1 只喷头，雨淋阀打开，压力开关动作，水泵启动。

3）干式系统的联动试验，启动 1 只喷头或模拟 1 只喷头的排气量排气，报警阀应及时启动，压力开关、水力警铃动作并发出相应信号。

知识链接

自动喷水灭火系统维护管理

1）自动喷水灭火系统应具有管理、检测、维护规程，并应保证系统处于准工作状态。自动喷水灭火系统维护管理工作应按表 1-30 的要求进行。

表 1-30　自动喷水灭火系统维护管理工作检查项目

部位	工作内容	周期
水源控制阀、报警控制装置	目测巡检完好状况及开闭状态	每日
电源	接通状态，电压	每日
内燃机驱动消防水泵	启动试运转	每月
喷头	检查完好状况、清除异物、备用量	每月

续表

部位	工作内容	周期
系统所有控制阀门	检查铅封、锁链完好状况	每月
电动消防水泵	启动试运转	每月
稳压泵	启动试运转	每月
消防气压给水设备	检测气压、水位	每月
蓄水池、高位水箱	检测水位及消防储备水不被他用的措施	每月
电磁阀	启动试验	每季
信号阀	启闭状态	每月
水泵接合器	检查完好状况	每月
水流指示器	试验报警	每季
室外阀门井中控制阀门	检查开启状况	每季
报警阀、试水阀	放水试验，启动性能	每月
泵流量检测	启动、放水试验	每年
水源	测试供水能力	每年
水泵接合器	通水试验	每年
过滤器	排渣、完好状态	每月
储水设备	检查完好状态	每年
系统联动试验	系统运行功能	每年
内燃机	油箱油位，驱动泵运行	每月
设置储水设备的房间	检查室温	每天（寒冷季节）

2）维护管理人员应经过消防专业培训，熟悉自动喷水灭火系统的原理、性能和操作维护规程。

3）每年应对水源的供水能力进行一次测定，每日应对电源进行检查。检查内容见表1-31。

表 1-31 水源及电源检查表

项目名称	检查内容	周期
水源	进户管路锈蚀状况，控制阀全开启，过滤网保证过水能力，水池（或水箱）的控制阀（液位控制阀或浮球控制阀等）关、开正常，水池（或水箱）水位显示或报警装置完好，水质符合设计要求，水池（或水箱）无变形、无裂纹、无渗漏等现象	每年

续表

项目名称	检查内容	周期
电源	进户两路电源正常，高低压配电柜元器件、仪表、开关正常，泵房内双电源互投框和控制柜元器件、仪表、开关正常，控制柜和电动机的电源线压接牢固，控制柜内熔丝完好，电动机接地装置可靠，电动机绝缘性良好（大于0.5 MΩ），电源切换时间不大于2 s，主泵故障备用泵切换时间不大于60 s，电源、电压值符合设计要求并稳定	每日

4）消防水泵或内燃机驱动的消防水泵应每月启动运转一次。当消防水泵为自动控制启动时，应每月模拟自动控制的条件启动运转一次。

5）电磁阀应每月检查并应做启动试验，动作失常时应及时更换。

6）每个季度应对系统所有的末端试水阀和报警阀旁的放水试验阀进行一次放水试验，检查系统启动、报警功能以及出水情况是否正常。检查内容见表1-32。

表1-32　报警阀检查表

项目名称	检查内容	周期
湿式报警阀	主阀锈蚀状况，各个部件连接处无渗漏现象，主阀前后压力表读数准确及两表压差符合要求（<0.01 MPa），延时装置排水畅通，压力开关动作灵活并迅速反馈信号，主阀复位到位，警铃动作灵活、铃声洪亮，排水系统排水畅通	每月
预作用报警阀和干式报警阀	除检查符合湿式报警阀内容外，还应检查充气装置启停准确，充气压力值符合设计要求，加速排气压装置排气速度正常，电磁阀动作灵敏，主阀瓣复位严密，主网侧腔（控制腔）锁定到位，阀前稳压值符合设计要求（不得小于0.25 MPa）	每月
雨淋报警阀	除检查符合湿式报警阀内容外，另应检查电磁阀动作灵敏，主阀瓣复位严密，主阀侧腔（控制腔）锁定到位，阀前稳压值符合设计要求（不得小于0.25 MPa）	每月

7）系统上所有的控制阀门均应采用铅封或锁链固定在开启或规定的状态。每月应对铅封、锁链进行一次检查，当有破坏或损坏时应及时修理更换。检查内容见表1-33。

表1-33　阀类检查表

项目名称	检查内容	周期
带锁定的闸阀、蝶阀等阀类	锁定装置位置正确、开启灵活，阀门处于全开启状态，阀类开关后不得有泄漏现象	每月
不带锁定的明杆闸阀、方位蝶阀等阀类	阀门处于全开启状态，阀类开关后不得有泄漏现象	每周

8）室外阀门井中，进水管上的控制阀门应每个季度检查一次，核实其处于全开启状态。

9）自动喷水灭火系统发生故障需停水进行修理前，应向主管值班人员报告，取得维护负责人的同意，并临场监督，加强防范措施后方能动工。

10）维护管理人员每天应对水源控制阀、报警阀组进行外观检查，并应保证系统处于无故障状态。

11）消防水池、消防水箱及消防气压给水设备应每月检查一次，并应检查其消防储备水位及消防气压给水设备的气体压力。同时，应采取措施保证消防用水不作他用，并应每月对该措施进行检查，发现故障应及时进行处理。

12）消防水池、消防水箱、消防气压给水设备内的水，应根据当地环境、气候条件不定期更换。

13）寒冷季节，消防储水设备的任何部位均不得结冰。每天应检查设置储水设备的房间，保持室温不低于 5 ℃。

14）每年应对消防储水设备进行检查，修补缺损和重新油漆。

15）钢板消防水箱和消防气压给水设备的玻璃水位计两端的角阀，在不进行水位观察时应关闭。

16）消防水泵接合器的接口及附件应每月检查一次，并应保证接口完好、无渗漏、闷盖齐全。

17）每月应利用末端试水装置对水流指示器进行试验。

18）每月应对喷头进行一次外观及备用数量检查，发现有不正常的喷头应及时更换；当喷头上有异物时应及时清除。更换或安装喷头均应使用专用扳手。检查内容见表 1-34。

表 1-34　喷头类检查表

项目名称	检查内容	周期
喷头类	喷头的型号正确，布置正确，安装方式正确，溅水盘、框架、感温元件、隐蔽式喷头的装饰盖板等无变形、无喷涂层，喷头不得有渗漏现象	每月

19）建筑物、构筑物的使用性质或储存物安放位置、堆存高度的改变，影响到系统功能而需要进行修改时，应重新进行设计。

任务五　建筑内部热水供应系统安装

任务描述

建筑内部热水供应系统安装的一般流程为：安装准备—干管安装—立管安装—水流指示器及报警阀安装—喷洒分层干管安装—管道试压—管道清洗—洒水喷头安装—通水调试。

任务实施

建筑内部热水管道安装工艺与建筑内部给水管道安装基本一致，具体参见“任务二　建筑内部给水管道安装”此处不再赘述。

知识链接

建筑内部热水供应系统安装质量及允许偏差

1. 管道及配件安装

（1）主控项目

1）热水供应系统安装完毕、管道保温之前应按设计要求进行水压试验，试验压力应符合设计要求；当未注明时，水压试验压力应为系统顶点工作压力加 0.1 MPa，同时系统顶点试验压力不小于 0.3 MPa。

检验方法：钢管或复合管道系统在试验压力下 10 min 内压力降不大于 0.02 MPa，然后降至工作压力检查，压力应不降，且不渗不漏；塑料管道系统在试验压力下稳压 1 h，压力降不得超过 0.05 MPa，然后在工作压力 1.15 倍状态下稳压 2 h，压力降不得超过 0.03 MPa，连接处不得渗漏。

2）热水供应管道应尽量利用自然弯补偿热伸缩，直线段过长则应设置补偿器。补偿器型式、规格、位置应符合设计要求，并按有关规定进行预拉伸。

检验方法：对照设计图样检查。

3）热水供应系统竣工后必须进行冲洗。

检验方法：现场观察检查。

（2）一般项目

1）管道安装坡度应符合设计规定。

检验方法：水平尺、拉线、尺量检查。

2）温度控制器及阀门应安装在便于观察和维护的位置。

检验方法：观察检查。

3）热水供应管道和阀门安装的允许偏差和检验方法见表 1-35。

表 1-35　管道和阀门安装的允许偏差和检验方法　（单位：mm）

项次	项目			允许偏差	检验方法
1	水平管道纵横方向弯曲	钢管	每米 全长 25 m 以上	1 ≤25	用水平尺、直尺、拉线和尺量检查
		塑料管复合管	每米 全长 25 m 以上	1.5 ≤25	
		铸铁管	每米 全长 25 m 以上	2 ≤25	
2	立管垂直度	钢管	每米 5 m 以上	3 ≤8	吊线和尺量检查
		塑料管复合管	每米 5 m 以上	2 >8	
		铸铁管	每米 5 m 以上	3 ≤10	
3	成排管段和成排阀门		在同一平面上间距	3	尺量检查

4）热水供应系统管道应保温（浴室内明装管道除外），保温材料、厚度、保护壳等应符合设计要求，保温层厚度和平整度的允许偏差及检验方法应符合表 1-36 的规定，表中 δ 为保温层厚度。

表 1-36　保温层厚度和平整度的允许偏差及检验方法　（单位：mm）

项次	项目		允许偏差	检验方法
1	厚度		+0.1 -0.05δ	用钢针刺入
2	表面平整度	卷材	5	用 2 m 靠尺和楔形塞尺检查
		涂抹	10	

2. 辅助设备安装

（1）主控项目

1）在安装太阳能集热器玻璃前，应对集热排管和上、下集管做水压试验，试验压力为工作压力的 1.5 倍。

检验方法：试验压力下 10 min 内压力不降，不渗不漏。

2）热交换器以工作压力的 1.5 倍做水压试验，蒸汽部分试验压力应不低于蒸汽供汽压力加 0.3 MPa，热水部分应不低于 0.4 MPa。

检验方法：试验压力下 10 min 内压力不降，不渗不漏。

3）水泵就位前的基础混凝土强度、坐标、标高、尺寸和螺栓孔位置必须符合设计要求。

检验方法：对照图样用仪器和尺量检查。

4）水泵试运转的轴承温升必须符合设备说明书的规定。

检验方法：温度计实测检查。

5）敞口水箱的满水试验和密闭水箱（罐）的水压试验必须符合设计与《建筑给水排水及采暖工程施工质量验收规范》（GB 50242—2002）的规定。

检验方法：满水试验静置 24 h，观察不渗不漏；水压试验在试验压力下 10 min 压力不降，不渗不漏。

（2）一般项目

1）安装固定式太阳能热水器，朝向应正南。如受条件限制，其偏移角不得大于 15°。集热器的倾角，对于春、夏、秋 3 个季节使用的，应采用当地纬度为倾角；若以夏季为主，可比当地纬度减少 10°。

检验方法：观察和分度仪检查。

2）由集热器上、下集管接往热水箱的循环管道，应有不小于 5‰的坡度。

检验方法：尺量检查。

3）自然循环的热水箱底部与集热器上集管之间的距离为 0.3~1.0 m。

检验方法：尺量检查。

4）制作吸热钢板凹槽时，其圆度应准确，间距应一致。安装集热排管时，应用卡箍和钢丝紧固在钢板凹槽内。

检验方法：手扳和尺量检查。

5）太阳能热水器的最低处应安装泄水装置。

检验方法：观察检查。

6）热水箱及上、下集管等循环管道均应保温。

检验方法：观察检查。

7）凡以水作介质的太阳能热水器，在 0℃以下地区使用，应采取防冻措施。

检验方法：观察检查。

8）热水供应辅助设备安装的允许偏差和检验方法见表1-37。

表1-37 热水供应辅助设备安装的允许偏差和检验方法 （单位：mm）

<table>
<tr><th>项次</th><th colspan="3">项目</th><th>允许偏差</th><th>检验方法</th></tr>
<tr><td rowspan="3">1</td><td rowspan="3">静置设备</td><td colspan="2">坐标</td><td>15</td><td>经纬仪或拉线、尺量</td></tr>
<tr><td colspan="2">标高</td><td>±5</td><td>用水准仪、拉线和尺量检查</td></tr>
<tr><td colspan="2">垂直度（每米）</td><td>5</td><td>吊线和尺量检查</td></tr>
<tr><td rowspan="4">2</td><td rowspan="4">离心式水泵</td><td colspan="2">立式泵体垂直度（每米）</td><td>0.1</td><td>水平尺和塞尺检查</td></tr>
<tr><td colspan="2">卧式泵体水平度（每米）</td><td>0.1</td><td>水平尺和塞尺检查</td></tr>
<tr><td rowspan="2">联轴器同心度</td><td>轴向倾斜（每米）</td><td>0.8</td><td rowspan="2">在联轴器互相垂直的4个位置上用水准仪、百分表或测微螺钉和塞尺检查</td></tr>
<tr><td>径向位移</td><td>0.1</td></tr>
</table>

9）太阳能热水器安装的允许偏差和检验方法见表1-38。

表1-38 太阳能热水器安装的允许偏差和检验方法

<table>
<tr><th colspan="3">项目</th><th>允许偏差</th><th>检验方法</th></tr>
<tr><td rowspan="2">板式直管太阳能热水器</td><td>标高</td><td>中心线距地面</td><td>±20 mm</td><td>尺量</td></tr>
<tr><td>固定安装朝向</td><td>最大偏移角</td><td>不大于15°</td><td>分度仪检查</td></tr>
</table>

任务六 室外给水管网安装

任务描述

室外给水管网的敷设方式有架空敷设和地下敷设两种。地下敷设除个别情况外，大部分采用直埋敷设。室外给水管网安装的一般流程为：测量放线—开挖沟槽—沟基处理—下管—管道安装—试压—回填土—冲洗与消毒。

任务实施

第一步：测量放线

在管道改变方向的地方设置坐标桩，在管道变坡点设置水平桩，在坐标桩和水平桩处水平设置龙门板。根据管沟的中心与宽度，在龙门板上钉 3 个钉子，标出管沟中心与沟边的位置，如图 1-30 所示；然后用线绳分别系在两块龙门板的钉子上，用白灰沿着线绳放出开挖线；在龙门板上标出开挖深度，便于挖沟时复查。

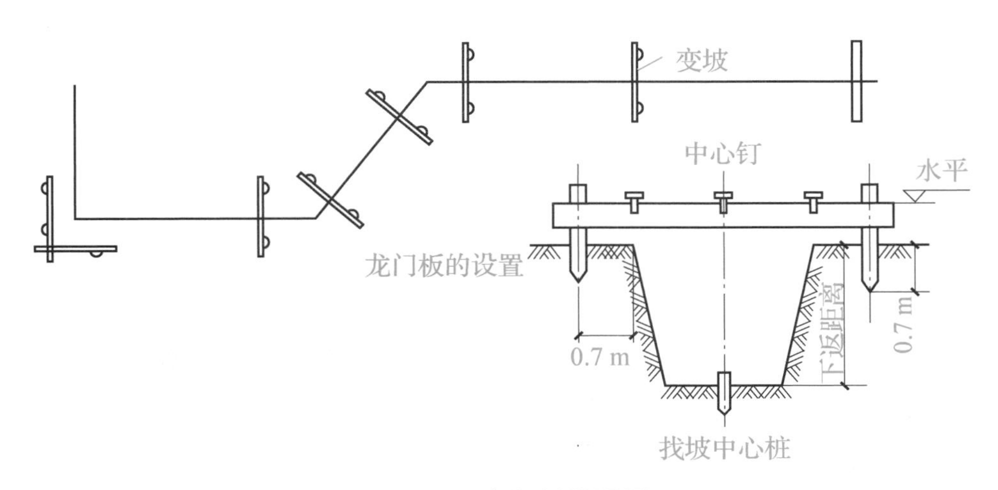

图 1-30　龙门板的设置

第二步：开挖沟槽

沟槽开挖的宽度和深度根据管材的直径、土壤的性质及埋深由设计确定。

沟槽开挖有人工开挖和机械开挖两种方式。机械开挖时，不能超挖，为了确保槽底土层结构不被扰动或破坏，应在基底标高以上留出 300 mm 左右土层不挖，待铺管前人工清挖。

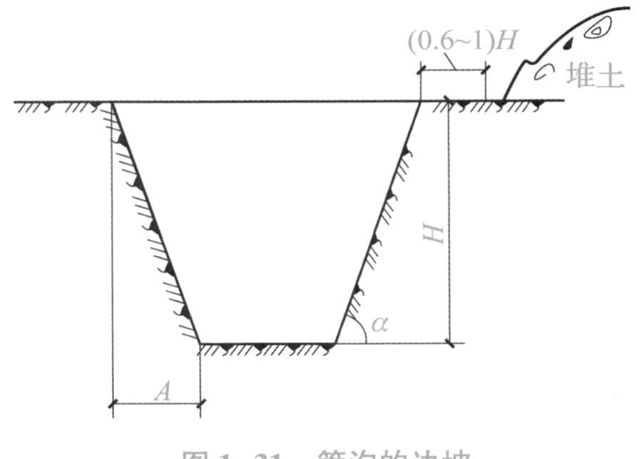

图 1-31　管沟的边坡

为防止塌方，沟槽开挖后应留有一定的边坡，如图 1-31 所示。边坡的大小与土质和沟深有关，其尺寸可参考表 1-39。为了便于下管，挖出的土应堆放在沟的一侧，且土堆底边与沟边应保持（0.6~1）H 的距离，但不得小于 0.8 m。堆土高度不得超过 1.5 m。

表 1-39 深度 5 m 以内的沟槽边坡尺寸与土质关系（不加支撑）

土壤名称	边坡坡度 $H:A$		
	人工开挖，并将土抛于沟边上	机械开挖	
		在沟底挖土	在沟边挖土
砂土	1∶1.0	1∶0.75	1∶1.0
亚砂土	1∶0.67	1∶0.50	1∶0.75
亚黏土	1∶0.50	1∶0.33	1∶0.75
黏土	1∶0.33	1∶0.25	1∶0.67
含砾石、卵石	1∶0.67	1∶0.50	1∶0.75
泥炭岩白土	1∶0.33	1∶0.25	1∶0.67
干黄土	1∶0.25	1∶0.10	1∶0.33

第三步：沟基处理

沟槽开挖完成后，需对沟基进行处理。沟底应为坚实的自然土层；如为松土应夯实，有砾石应挖出 200 mm 厚的砾石层，并用好土回填夯实或用粗砂铺平。

第四步：下管

下管前应检查管子有无缺陷，如砂眼、破裂等；检查下管用的绳子等工具是否牢固，清理管子内部的杂物，并用喷灯烧掉铸铁管承口内和插口外的保护层，然后将检查并疏通好的管子沿管沟按设计要求排开，使铸铁管的承口方向迎着水流方向，插口顺着水流方向。

下管的方法有人工下管和机械下管两种。管径较小时，采用人工配合小型机具进行下管；管径较大时，采用机械吊装下管。

1. 人工下管

人工下管常用的方法是压绳下管法和三脚架下管法。

在人工压绳下管时，人员分成两组，用两根坚固、无断股的绳子套住管子。分别将绳子一端固定在地桩上，拉住另一端，用撬杠将管子移至沟边，并控制绳索使管子沿沟壁慢慢滑入沟底，如图 1-32（a）所示。此方法适用于管径为 400~800 mm 管道的下管。

用三脚架下管时，应先搭好三脚架，并将管子滚至三脚架下横跨沟槽的跳板上，然后吊起管子，撤掉跳板，即可将管子下落到沟槽内，如图 1-32（b）所示。此方法适用于管径在 900 mm 以内、长度在 3 m 以下管道的下管。

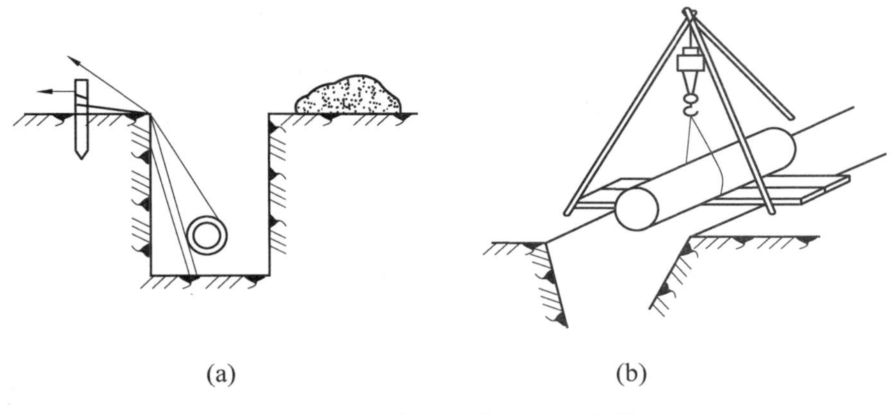

图 1-32　人工下管操作示意图

（a）人工压绳下管法；（b）三脚架下管法

2. 机械下管

机械下管采用汽车式起重机、履带式起重机、下管机或其他起重机械进行下管。起重机沿沟槽开行时距沟边至少应有 1 m 间距。

第五步：管道安装

1. 稳管

稳管是将管子按设计高程与平面位置稳定在地基或基础上。稳管时将承插管的插口装入承口内，四周的对口间隙应均匀一致。金属管稳定时，两管端面应留有 10 mm 缝隙。

2. 接口

1）承插铸铁管接口。承插铸铁管有承插式刚性接口和承插式柔性接口两种形式（见图 1-33）。刚性接口的填料为油麻-石棉水泥、石棉绳-石棉水泥、油麻-膨胀水泥、油麻-铅，通常采用的是油麻-石棉水泥的承插接口方式。

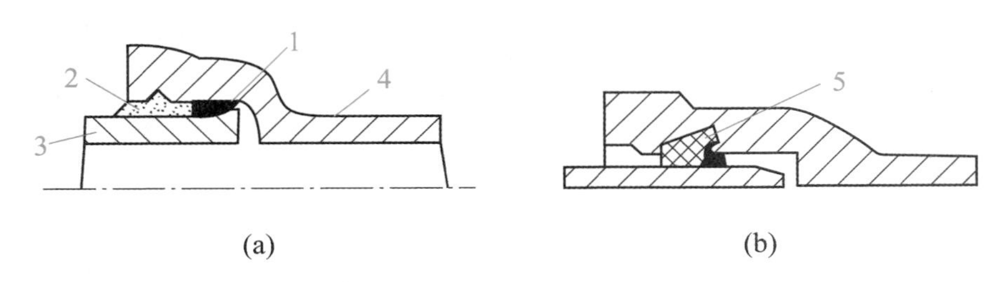

图 1-33　承插铸铁管接口形式示意图

（a）刚性接口；（b）柔性接口

1—油麻；2—填料；3—插口；4—承口；5—楔形胶圈

油麻-石棉水泥接口的材料质量配合比为石棉∶水泥＝3∶7。石棉应采用 4 级或 5 级石棉绒，水泥采用等级不低于 42.5 的硅酸盐水泥。石棉和水泥拌匀后，再加入总质量 10%～12%

的水，揉成潮湿状态，能以手捏成团而不松散，扔在地上即散为合适。

直线管道安装时，应将全部或大部分插口装入承插口内并拉直。插口的端部与承插口的底表面要有 3~5 mm 的间隙。为确保间隙大小均匀，可将 8 号钢丝拍成 3 mm 厚，用它伸进承插口环状间隙检查是否合格。

捻（打）油麻时，要将油麻拧成直径为 1.5 倍承插口环缝宽度的油麻绳，要拧紧，由接口下方用麻钎子向上方依次捣入环缝间隙端部，再用手锤和麻钎子由下而上均匀地捻至承口底部，且应捻实，捻实后的麻深度为承口深度的 1/3。

捻口时把和好的石棉水泥放入灰盘内摆在承口下部，用左手往承口内填灰，右手握捻凿往承口内塞。待塞至承口时，根据管径不同用 1 kg 或 2 kg 手锤捻实，然后分层填灰，再捻实，捻满灰口。石棉水泥低于承口端面不超过 2 mm，灰口要打实、打平。

柔性接口的形式有楔形胶圈接口、唇形胶圈接口和圆形胶圈接口等。给水铸铁管安装应优先选用胶圈接口。胶圈接口只能用于埋地的地下敷设，不能用于地沟或设备层及管井内。

安装时按承口深度在插口上相应位置用油漆准确地画出承口深度标记，如图 1-34 所示。给水铸铁管道胶圈接口安装程序、方法及要求见表 1-40，胶圈连接安装方法和管件安装方法见表 1-41 和表 1-42。

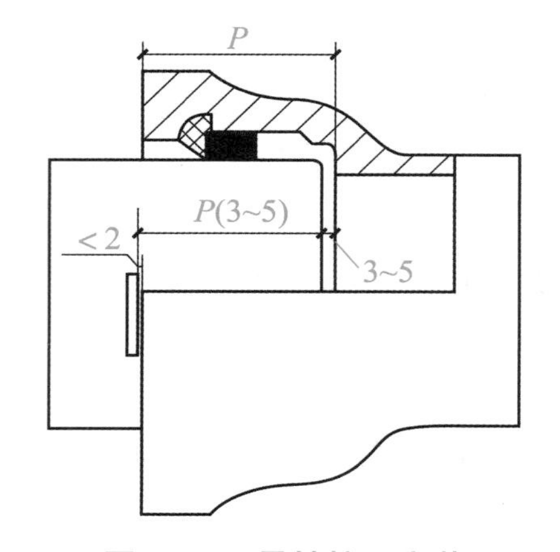

图 1-34　柔性接口安装

表 1-40　给水铸铁管道胶圈接口安装程序、方法及要求

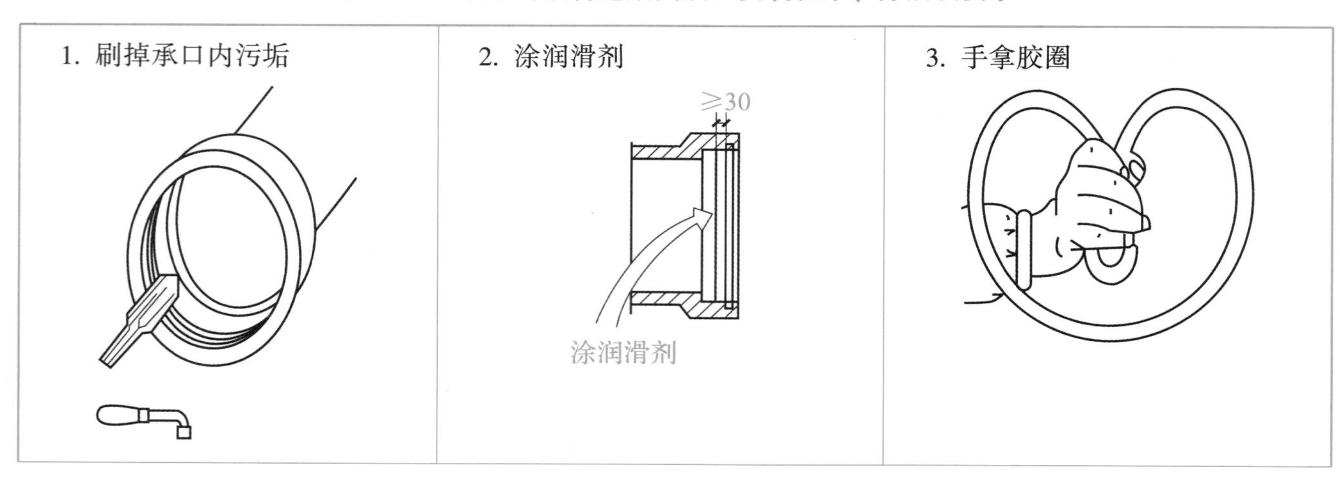

续表

4. 胶圈放入承口胶圈槽内 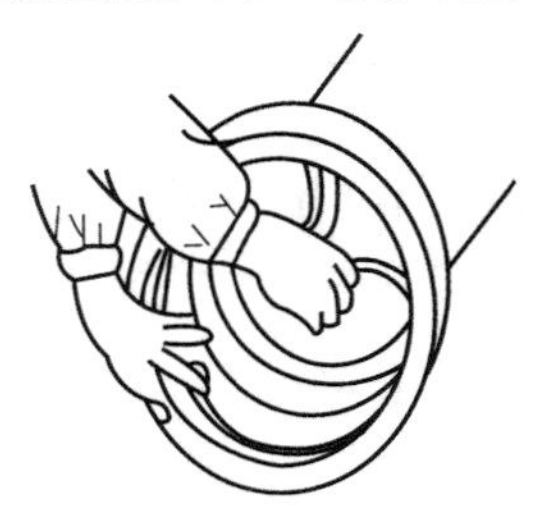	5. 在胶圈内表面涂润滑剂 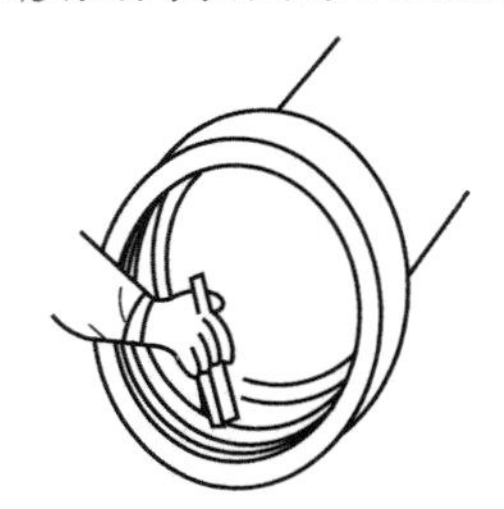	6. 刷掉插口上的污垢 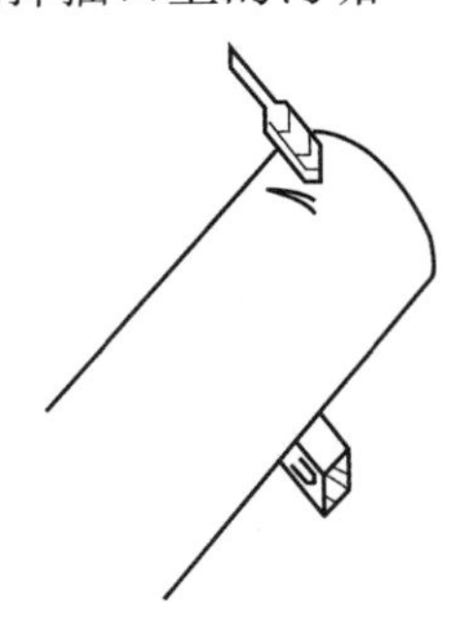
7. 插口端部涂润滑剂准备装入承口内 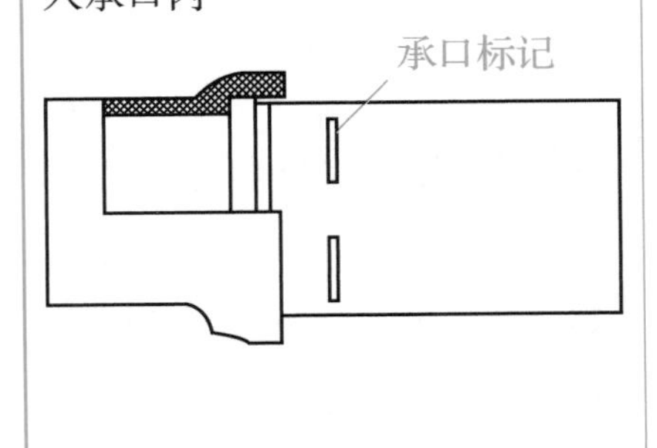 	8. 用探针检查胶圈位置 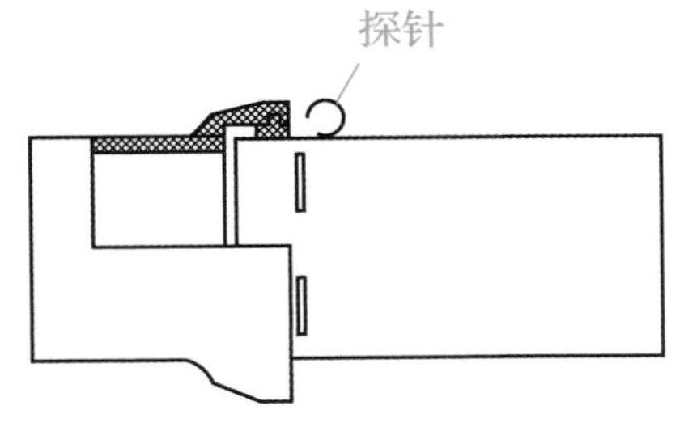 	9. 检验。管线直度允许偏差：公称直径≤400 mm，$\alpha \leqslant 4^\circ$；公称直径>400 mm，$\alpha \leqslant 3^\circ$ 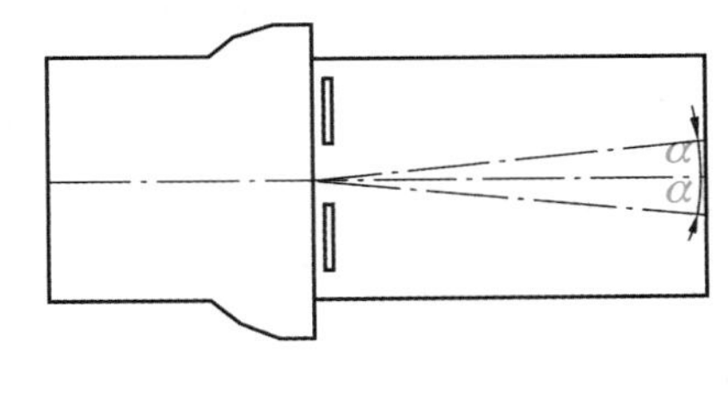

表 1-41　铸铁给水管道胶圈连接安装方法

1. DN100 mm 管子可用撬杠安装 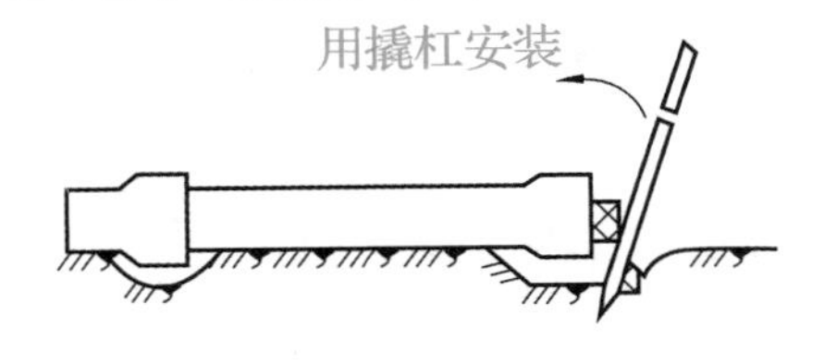 	2. DN150 mm～DN200 mm 使用专用工具安装 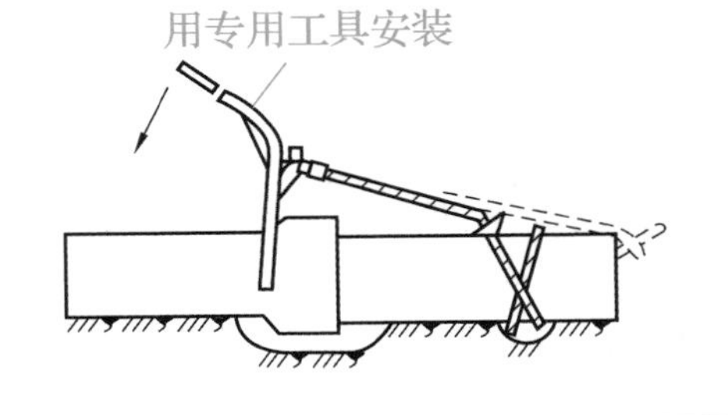
3. DN200 mm～DN400 mm 用手扳葫芦安装，DN>400 mm 用倒链安装 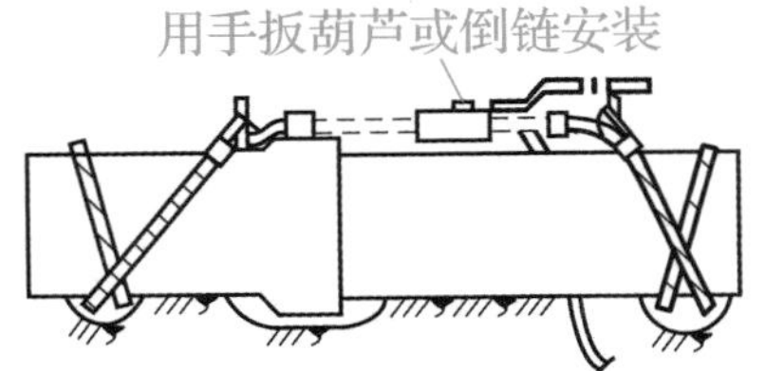 	

表 1-42　管件安装方法

1. DN150 mm、DN200 mm，使用专用工具安装	2. DN>200 mm，使用接手拉葫芦或倒链安装
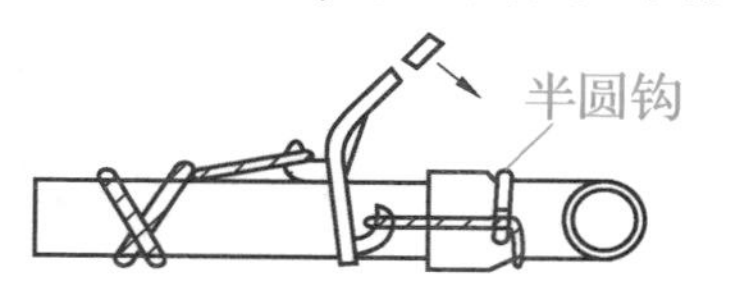	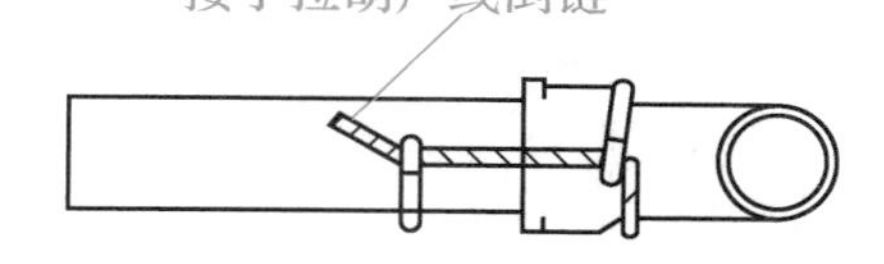
3. DN>200 mm，使用接手拉葫芦或倒链安装 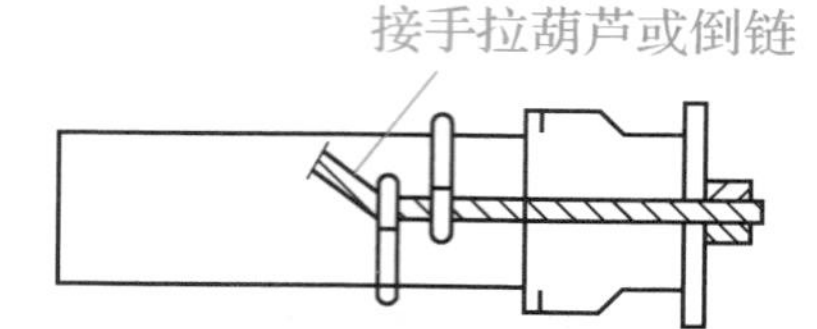	

2）钢管接口。镀锌钢管全部采用镀锌钢管的管配件进行连接。

焊接钢管可先在沟内进行分段焊接，每段长度一般在 25~35 m 范围内，这样可以减少沟内接口的焊接数量。

3）接口注意事项。放至沟底的铸铁管要及时进行对口连接和覆土。在对口时，可利用撬杠或倒缝将管子插口推入承口内，管子保持在一条直线上，接口间隙均匀；如果管道上设有阀门，在接口时应先将阀门与配合的两侧短管安装好。当两个插口相接时，采用双承短管连接；若管道接口形式为法兰连接，其法兰盘应安装在检查井内，不得埋设在土壤内；若必须埋在土壤内，则应进行防腐处理。

第六步：试压

室外给水管道安装完毕后，应进行水压试验，其目的是检查管道系统的耐压强度和严密性。

1）准备好试压机具，并对试验系统进行检查。消火栓、溢流阀等一律不得安装；试压管段两端及所有支管甩头均不得用闸阀代替堵板；试压管段两端均用堵板堵死，管道试压用钢堵板厚度见表 1-43。

表 1-43　室外给水管道试压用钢板堵板厚度　　（单位：mm）

公称直径	堵板厚度	备注
<125	6	—
150~300	8	—
350~450	11~14	—
500~700	15~21	加焊槽钢或角钢

2）按图 1-35 所示连接好堵板、加压泵、压力表、进水阀、放气阀等试压装置，并接通水源，挖好排水沟槽。

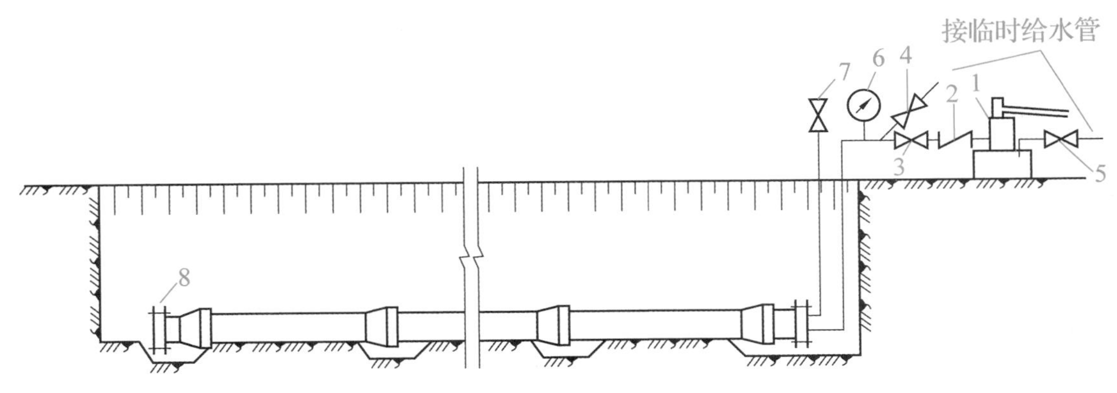

图 1-35　室外给水管道试压装置示意图

1—加压泵；2—单向阀；3—阀门；4、5—进水阀；6—压力表；7—放气阀；8—堵板

3）自下游管段向系统内灌水，打开设在上游管顶及管段中凸起点的放气阀，将管道内的气体排除，待放气阀连续出水时即可关闭。

4）用试压泵向系统加压。每次增压 0.2 MPa，同时观察接口的渗漏情况。升到试验压力后停泵对系统进行检查，如不渗漏即为合格。

第七步：回填土

管道敷设并调制后，应在除接口部分外的管子中部先进行覆土，待管道水压试验、接口防腐、绝热等工序完成后再进行沟槽回填。若有积水，应排尽后方可进行回填。

回填土的工作包括回土、摊平、夯实等工序，回填土中不允许含砖头、石块和冻结的大土块。管道两侧及管顶以上 0.5 m 的部分，应从管道两侧人工填土分层夯实，当覆土达到 1.5 m 以上时，可用机械碾压。用机械回填时，机械不得在管道上方行走。

第八步：冲洗与消毒

新铺生活给水管道竣工后，均应进行冲洗与消毒，清除管道内的焊渣、污物等杂质，使给水水质符合生活给水水质要求。

冲洗后，拆除管道中已经安装的水表，用短管代替，同时在管道末端设置几个防水点，排除冲洗水。冲洗工作一般在夜间进行，冲洗水的流速应大于或等于 0.7 m/s。

管道消毒一般采用漂白粉。将配好的消毒液随水流一起加入管中，浸泡 24 h 后放水，并用清水冲洗干净，直至排出的水中无氯液，且管内的含氯量和细菌量经检测后满足水质标准。

新安装的给水管道在冲洗消毒时，每 100 m 管道中漂白粉及水的用量可参见表 1-44。

表 1-44　每 100 m 管道中漂白粉及水的用量

管径/mm	用水量/m³	漂白粉用量/kg	管径/mm	用水量/m³	漂白粉用量/kg
15~50	0.8~5	0.09	300	42	0.93
75	6	0.11	350	56	0.97
100	8	0.14	400	75	1.30
150	14	0.14	450	93	1.61
200	22	0.38	500	116	2.02
250	32	0.55	600	168	2.90

知识链接

一、室外给水管道安装质量及允许偏差

1. 主控项目

1）给水管道在埋地敷设时，应在当地的冰冻线以下，如必须在冰冻线以上铺设，应做可靠的保温防潮措施。在无冰冻地区埋地敷设时，管顶的覆土埋深不得小于 500 mm，穿越道路部位的埋深不得小于 700 mm。

检验方法：现场观察检查。

2）给水管道不得直接穿越污水井、化粪池、公共厕所等污染源。

检验方法：观察检查。

3）管道接口法兰、卡扣、卡箍等应安装在检查井或地沟内，不应埋在土壤中。

检验方法：观察检查。

4）给水系统各种井室内的管道安装，如设计无要求，井壁距法兰或承口的距离：管径小于或等于 450 mm 时，不得小于 250 mm；管径大于 450 mm 时，不得小于 350 mm。

检验方法：尺量检查。

5）管网必须进行水压试验，试验压力为工作压力的 1.5 倍，但不得小于 0.6 MPa。

检验方法：管材为钢管、铸铁管时，试验压力下 10 min 内压力降应不大于 0.05 MPa，然后降至工作压力进行检查，压力应保持不变，不渗不漏；管材为塑料管时，试验压力下，稳压 1 h 压力降不大于 0.05 MPa，然后降至工作压力进行检查，压力应保持不变，不渗不漏。

6）镀锌钢管、钢管的埋地防腐必须符合设计要求，如设计无规定，可按表 1-45 的规定执行。卷材与管材间应粘贴牢固，无空鼓、滑移、接口不严等。

检验方法：观察和切开防腐层检查。

表 1-45　管道防腐层种类

防腐层层次	正常防腐层	加强防腐层	特加强防腐层
（从金属表面起）1	冷底子油	冷底子油	冷底子油
2	沥青涂层	沥青涂层	沥青涂层
3	外包保护层	加强包扎层	加强保护层
	（封闭层）	（封闭层）	
4		沥青涂层	沥青涂层
5		外保护层	加强包扎层
			（封闭层）
6			沥青涂层
7			外包保护层
防腐层厚度不小于/mm	3	6	9

7）给水管道在竣工后，必须对管道进行冲洗，饮用水管道还要在冲洗后进行消毒，满足饮用水卫生要求。

检验方法：观察冲洗水的浊度，查看有关部门提供的检验报告。

2. 一般项目

1）管道的坐标、标高、坡度应符合设计要求，管道安装的允许偏差和检验方法见表 1-46。

表 1-46　室外给水管道安装的允许偏差和检验方法　（单位：mm）

项次	项目			允许偏差	检验方法
1	坐标	铸铁管	埋地	100	拉线和尺量检查
			敷设在沟槽内	50	
		钢管、塑料管、复合管	埋地	100	
			敷设在沟槽内或架空	40	
2	标高	铸铁管	埋地	±50	拉线和尺量检查
			敷设在地沟内	±30	
		钢管、塑料管、复合管	埋地	±50	
			敷设在地沟内或架空	±30	

续表

项次	项目			允许偏差	检验方法
3	水平管纵横向弯曲	铸铁管	直段（25 m 以上）起点~终点	40	拉线和尺量检查
		钢管、塑料管、复合管	直段（25 m 以上）起点~终点	30	

2）管道和金属支架的涂漆应附着良好，无脱皮、起泡、流淌和漏涂等缺陷。

检验方法：现场观察检查。

3）管道连接应符合工艺要求，阀门、水表等安装位置应正确。塑料给水管道上的水表、阀门等设施，其重力或启闭装置的扭矩不得作用于管道上，当管道的公称直径≥50 mm 时必须设独立的支承装置。

检验方法：现场观察检查。

4）给水管道与污水管道在不同标高平行敷设，其垂直间距在 500 mm 以内时，给水管公称直径小于或等于 200 mm 的，管壁水平间距不得小于 1.5 m；给水管公称直径大于 200 mm 的，管壁水平间距不得小于 3 m。

检验方法：观察和尺量检查。

5）铸铁管承插捻口连接的对口间隙应不小于 3 mm，最大间隙不得大于表 1-47 的规定。

检验方法：尺量检查。

表 1-47　铸铁管承插捻口的对口最大间隙　（单位：mm）

公称直径	沿直线敷设	沿曲线敷设
75	4	5
100~250	5	7~13
300~500	6	14~22

6）铸铁管沿直线敷设，承插捻口连接的环形间隙应符合表 1-48 的规定；沿曲线敷设，每个接口允许有 2°转角。

检验方法：尺量检查。

表 1-48　铸铁管承插捻口的环形间隙　（单位：mm）

公称直径	标准环形间隙	允许偏差
75~200	10	+3 −2

续表

公称直径	标准环形间隙	允许偏差
250~450	11	+4 −2
500	12	+4 −2

7）捻口用的油麻填料必须清洁，填塞后应捻实，其深度应占整个环形间隙深度的1/3。

检验方法：观察和尺量检查。

8）捻口用水泥强度应不低于32.5 MPa，接口水泥应密实饱满，其接口水泥面凹入承口边缘的深度不得大于2 mm。

检验方法：观察和尺量检查。

9）采用水泥捻口的给水铸铁管，安装地点有侵蚀性的地下水时，应在接口处涂抹沥青防腐层。

检验方法：观察检查。

10）采用橡胶圈接口的埋地给水管道，在土壤或地下水对橡胶圈有腐蚀的地段，在回填土前应用沥青胶泥、沥青麻丝或沥青锯末等材料封闭橡胶圈接口。橡胶圈接口的管道，每个接口的最大允许偏转角不得超过表1-49的规定。

检验方法：观察和尺量检查。

表1-49　橡胶圈接口最大允许偏转角

公称直径/mm	100	125	150	200	250	300	360	400
最大允许偏转角/(°)	5	5	5	5	4	4	4	3

二、消防水泵接合器及室外消火栓安装质量及允许偏差

1. 主控项目

1）系统必须进行水压试验，试验压力为工作压力的1.5倍，但不得小于0.6 MPa。

检验方法：试验压力下，10 min内压力降不大于0.05 MPa，然后降至工作压力进行检查，压力保持不变，不渗不漏。

2）消防管道在竣工前，必须对管道进行冲洗。

检验方法：观察冲洗出水的浊度。

3）消防水泵接合器和消火栓的位置标志应明显，栓口的位置应方便操作，消防水泵接合器和室外消火栓采用墙壁式时，如设计未要求，进、出水栓口的中心安装高度距地面应为1.10 m，其上方应设有防坠落物打击的措施。

检验方法：观察和尺量检查。

2. 一般项目

1）室外消火栓和消防水泵接合器的各项安装尺寸应符合设计要求，栓口安装高度允许偏差为±20 mm。

检验方法：尺量检查。

2）地下式消防水泵接合器顶部进水口或地下式消火栓的顶部出水口与消防井盖底面的距离不得大于400 mm，井内应有足够的操作空间，并设爬梯。寒冷地区井内应做防冻保护。

检验方法：观察和尺量检查。

3）消防水泵接合器的安全阀及止回阀安装位置和方向应正确，阀门启闭应灵活。

检验方法：现场观察和手扳检查。

三、管沟及井室安装质量及允许偏差

1. 主控项目

1）管沟的基层处理和井室的地基必须符合设计要求。

检验方法：现场观察检查。

2）各类井室的井盖应符合设计要求，应有明显的文字标志，各种井盖不得混用。

检验方法：现场观察检查。

3）设在通车路面下或小区道路下的各种井室，必须使用重型井圈和井盖，井盖上表面应与路面相平，允许偏差为±5 mm。绿化带上和不通车的地方可采用轻型井圈和井盖，井盖的上表面应高出地坪50 mm，并在井口周围以2%的坡度向外做水泥砂浆护坡。

检验方法：观察和尺量检查。

4）重型铸铁或混凝土井圈，不得直接放在井室的砖墙上，砖墙上应做不少于80 mm厚的细石混凝土垫层。

检验方法：观察和尺量检查。

2. 一般项目

1）管沟的坐标、位置、沟底标高应符合设计要求。

检验方法：观察、尺量检查。

2）管沟的沟底层应是原土层，或是夯实的回填土，沟底应平整，坡度应顺畅，不得有尖硬的物体、块石等。

检验方法：观察检查。

3）当沟基为岩石、不易清除的块石或为砾石层时，沟底应下挖100~200 mm，填铺细砂或粒径不大于5 mm的细土，夯实到沟底标高后，方可进行管道敷设。

检验方法：观察和尺量检查。

4）管沟回填土，管顶上部200 mm以内应用砂子或无块石及冻土块的土，并不得用机械回填；管顶上部500 mm以内不得回填直径大于100 mm的块石和冻土块；500 mm以上部分回填土中的块石或冻土块不得集中。上部用机械回填时，机械不得在管沟上行走。

检验方法：观察和尺量检查。

5）井室的砌筑应按设计或给定的标准图施工。井室的底标高在地下水位以上时，基层应为素土夯实；在地下水位以下时，基层应打100 mm厚的混凝土底板。砌筑应采用水泥砂浆，内表面抹灰后应严密不透水。

检验方法：观察和尺量检查。

6）管道穿过井壁处，应用水泥砂浆分二次填塞严密、抹平，不得渗漏。

检验方法：观察检查。

任务七　离心式水泵安装

任务描述

水泵按安装形式可分为带底座的水泵和不带底座的水泵，工程中多使用带底座的水泵。本任务的主要内容是离心式水泵的安装。

任务实施

下面以IS型水泵（图1-36）安装为例，介绍离心式水泵的安装要求与方法。

水泵安装的一般流程为：安装前的准备—水泵安装—水泵配管安装—水泵试运转。

第一步：安装前的准备

1）检查水泵基础的尺寸、位置、标高是否符合设计要求，预留地脚螺栓孔位置是否准确，深度是否满足要求。

2）检查水泵的零部件有无缺件、损坏和锈蚀等情况，转动部件应灵活，转动时无异常声响，管口保护物和堵盖应完好。

3）核对水泵的主要安装尺寸是否与设计相符。

4）核对水泵型号、性能参数是否符合设计要求。

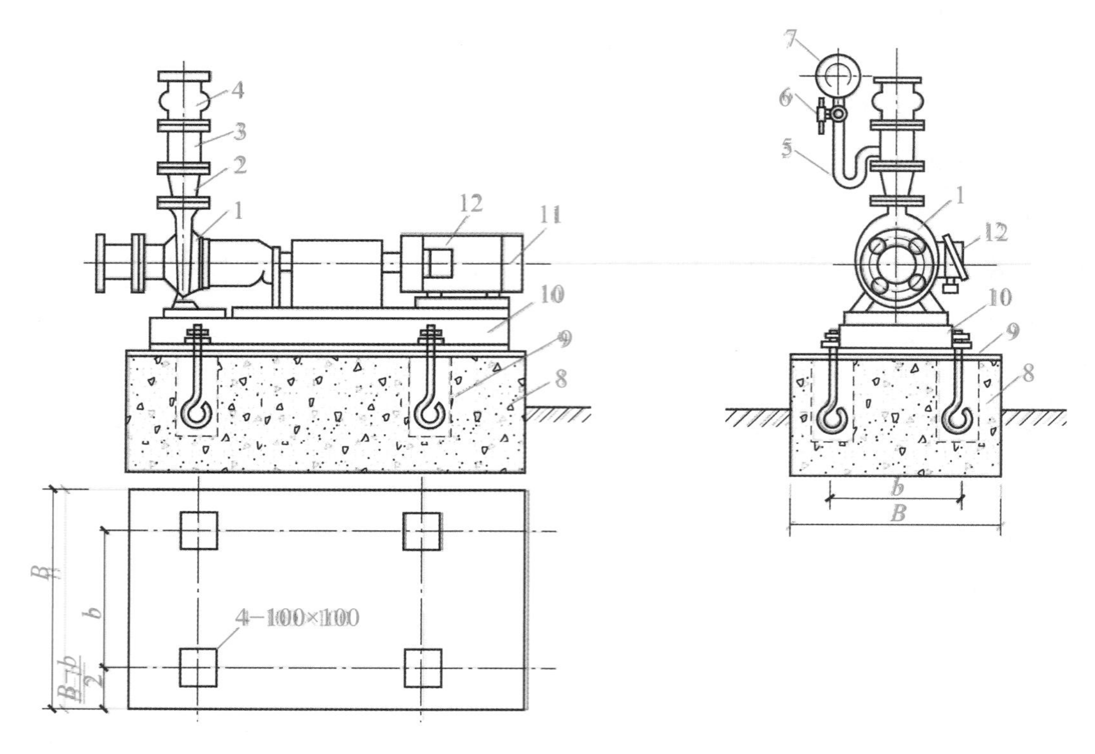

图 1-36　IS 型水泵（不减振）

1—水泵；2—变径管；3—短管；4—可曲挠接头；5—表弯管；6—表旋塞；7—压力表；
8—混凝土基础；9—地脚螺栓；10—底座；11—电动机；12—接线盒

第二步：水泵安装

(1) 水泵吊装就位

将水泵连同底座吊起，除去底座底面油污、泥土等污渍，穿入地脚螺栓，并把螺母拧满扣，对准预留孔将泵放在基础上，在底座与基础之间放上垫铁。吊装时绳索要系在泵及电动机的吊环上，且绳索应垂直于吊环，如图 1-37 所示。

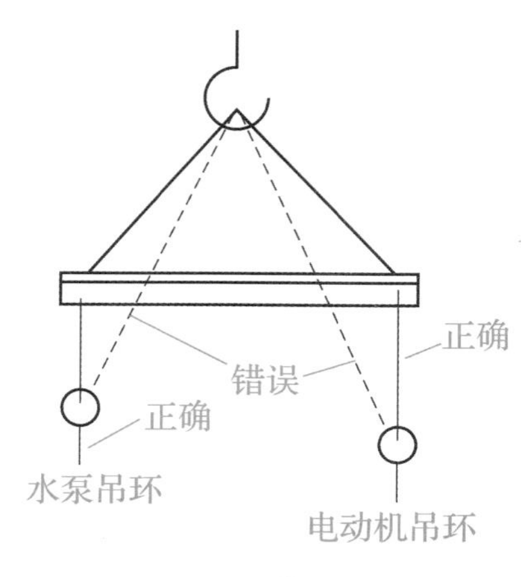

图 1-37　水泵吊装

（2）位置调整

调整底座位置，使底座上的中心点与基础中心线重合。

（3）水平调整

将水平尺放在水泵底座加工面上，检查是否水平；若不平，则用垫铁垫平。在垫平的同时，应使底座标高满足安装要求。垫铁的形状如图 1-38 所示，其规格见表 1-50。

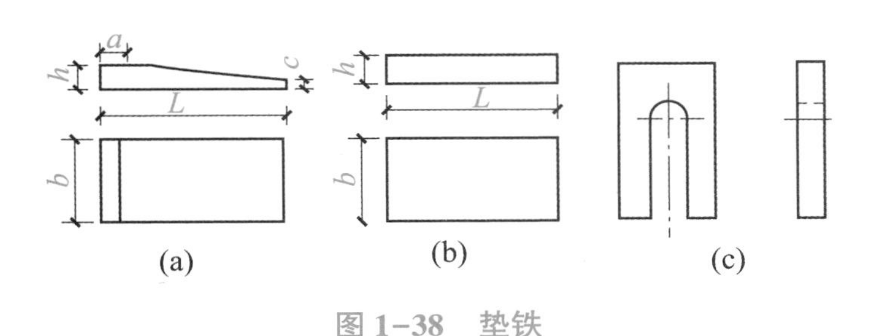

图 1-38　垫铁

（a）斜垫铁；（b）平垫铁；（c）开口垫铁

表 1-50　斜垫铁和平垫铁的规格　（单位：mm）

<table>
<tr><td rowspan="2">项次</td><td colspan="6">斜垫铁</td><td colspan="4">平垫铁</td></tr>
<tr><td>代号</td><td>L</td><td>b</td><td>c</td><td>a</td><td>材料</td><td>代号</td><td>L</td><td>b</td><td>材料</td></tr>
<tr><td>1</td><td>斜 1</td><td>100</td><td>50</td><td>3</td><td>4</td><td rowspan="3">普通碳素钢</td><td>平 1</td><td>90</td><td>60</td><td rowspan="3">铸铁或普通碳素钢</td></tr>
<tr><td>2</td><td>斜 2</td><td>120</td><td>60</td><td>4</td><td>6</td><td>平 2</td><td>110</td><td>70</td></tr>
<tr><td>3</td><td>斜 3</td><td>140</td><td>70</td><td>4</td><td>8</td><td>平 3</td><td>125</td><td>85</td></tr>
</table>

注：1. 厚度 h 可按实际需要和材料决定，斜垫铁斜度宜为 1/10～1/20；铸铁平垫铁的厚度最小为 20 mm。

2. 斜垫铁应与同号平垫铁配合使用。

（4）同心度调整

同心度的调整方法是在电动机吊环中心和泵壳中心两点间拉线、测量，使测线完全落于泵轴的中心位置。松动水泵或电动机与底座的紧固螺栓，微动调整。

水泵和电动机同心度的检测：对安装精度要求高的大型机组，可用百分表检测，安装精度要求一般时可用钢角尺检测其径向间隙，如图 1-39 所示；也可用塞尺检测其轴向间隙，如图 1-40 所示。测量径向间隙时，把直角尺放在联轴器上，沿轮缘周围移动。若两个联轴器的表面均与角尺相靠紧，则表示联轴器同心。图 1-39 中误差 $aa' \leqslant 3/100$，且最大不超过 0. 08 mm。用塞尺测量轴向间隙时，对塞尺在联轴器间的上下左右对称 4 点进行测量，若 4 处间隙相等，则表示两轴同心，图 1-40 中误差 $bb' \leqslant 5/100$，且不超过 4 mm。当两个联轴器的径向和轴向均符合要求后，应将联轴器的螺栓拧紧。

（5）二次浇灌混凝土

二次浇灌混凝土应保证使地脚螺栓与基础结为一体，待混凝土达到规定强度的 75%之后，对底座的水平度和水泵与电动机的同心度再进行一次复测，并拧紧地脚螺栓。地脚螺栓的安装要求如下。

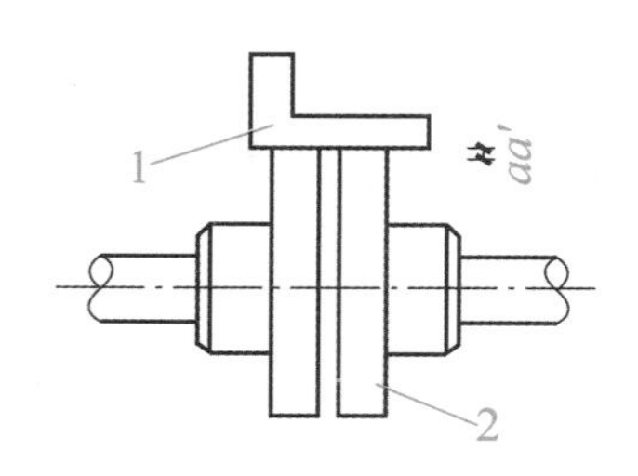

图 1-39　径向间隙的测定

1—直角尺；2—联轴器

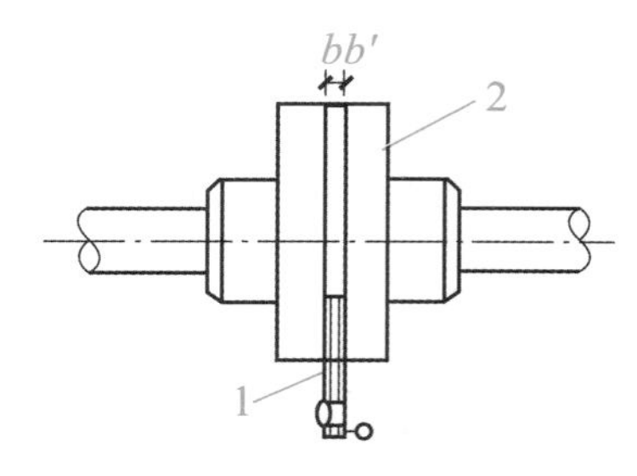

图 1-40　轴向间隙的测定

1—塞尺；2—联轴器

1）地脚螺栓的垂直度应不超过 1/100，螺栓离孔壁的距离应大于 15 mm。

2）地脚螺栓底端不应碰孔底。

3）地脚螺栓上的油污应清除干净，其螺纹部分应涂油脂。

4）螺母和垫圈、垫圈与设备底座间的接触应良好。

5）螺母拧紧后，螺栓露出螺母的长度应大于 2 倍螺距，但不得超过螺栓直径的 1/2。

6）在底座与基础之间的缝隙填满砂浆，并和基础面一道压实抹光。

（6）水泵的减振

水泵机组运行时会产生振动和噪声，为了减少噪声，可在机组底座上安装不同形式的减振装置，如图 1-41 所示。

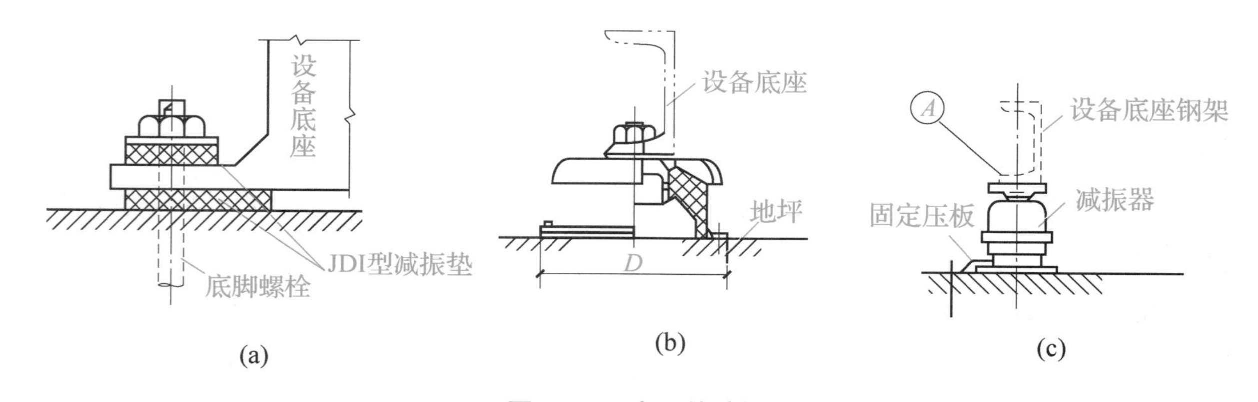

图 1-41　水泵的减振

（a）隔振垫减振；（b）橡胶减振器减振；（c）弹簧减振器减振

第三步：水泵配管安装

1. 水泵配管的一般规定

1）所有与泵连接的管路应具有独立、牢固的支承。

2）吸水管与压水管管路直径应不小于水泵的进出口直径。当采用变径管时，变径管的长度应大于大小变径差的 5~7 倍。

3）吸水管路宜短而直，其管内不应有窝存气体的地方，如图 1-42 所示。当水泵的安装高度高于吸液面时，吸水管路的任何部分都不应高于水泵入口；水平直管应有坡度。

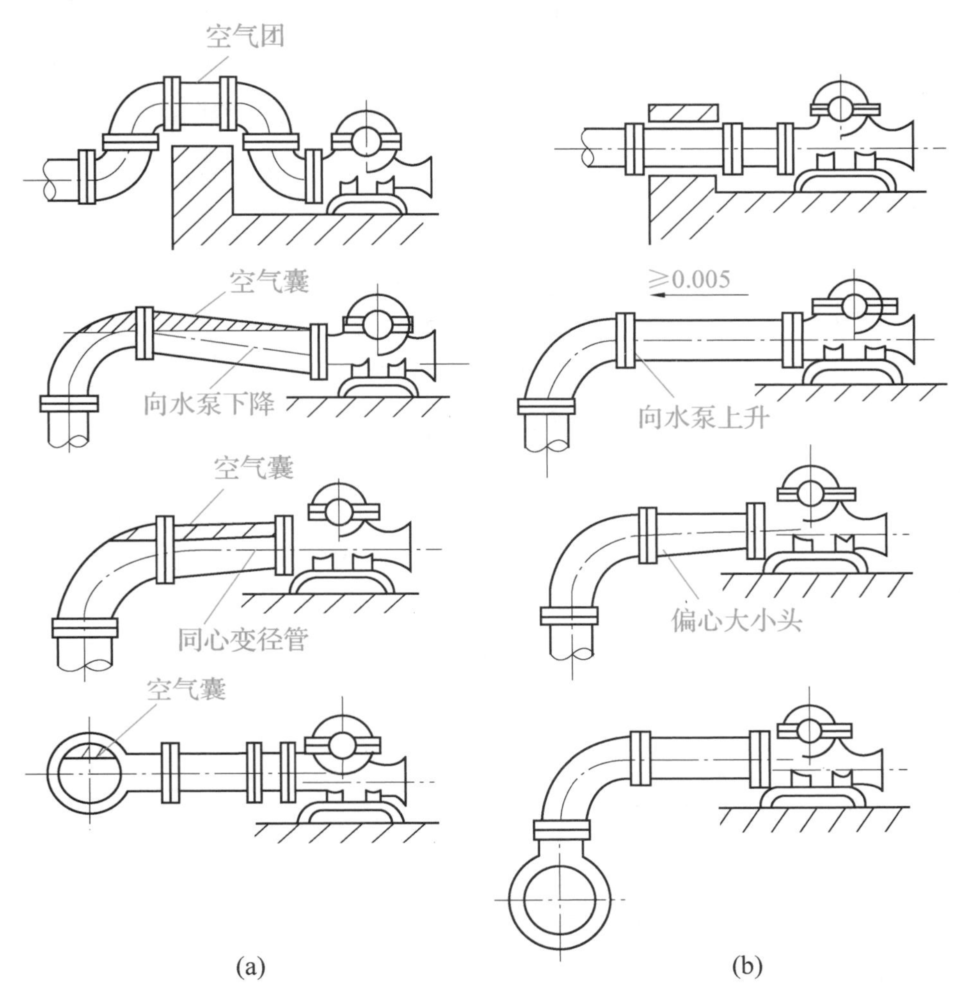

图 1-42　吸水管路的安装

（a）不正确的安装方式；（b）正确的安装方式

4）每台水泵的出口均应安装控制阀、单向阀和压力表，并加防水锤；水泵入口应安装控制阀（或底阀）和压力表。

2. 配管要求

1）水泵吸水口前的直管段长度应不小于吸水口直径 D 的 3 倍，如图 1-43 所示。

2）当泵的安装位置高于吸液面，泵的吸水口管径小于 350 mm 时，应设置底阀；吸水口管径大于或等于 350 mm 时，应设真空引水装置。

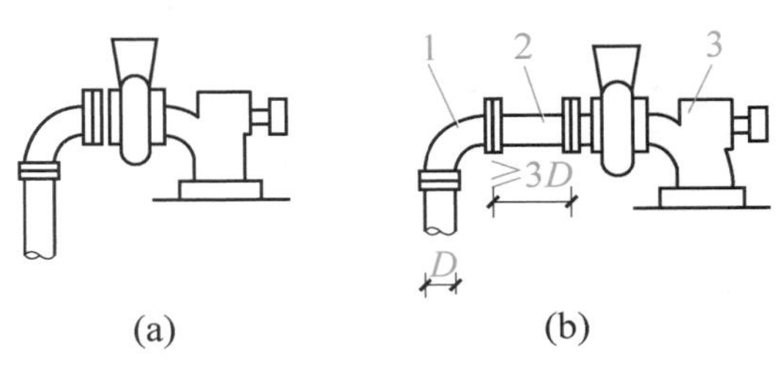

图 1-43　吸水管安装

（a）不正确的安装方式；（b）正确的安装方式

1—弯管；2—直管段；3—水泵

3）吸水管在水池内的安装位置如图 1-44 所示。吸水管口浸水面下的深度 a 应不小于泵入口直径 D 的 1.5~2.0 倍，且应不小于 500 mm；吸水管口距池底的距离 b 应不小于泵入口直径 D 的 1.5~2.0 倍，且应不小于 500 mm；吸水管口中心距池壁的距离 c 应不小于泵入口直径 D 的 1.25~1.5 倍，相邻两泵吸水口中心距离 d 应不小于泵入口直径 D 的 2.5~3.0 倍。

4）当吸水管路装过滤器时，过滤网的总过滤面面积应不小于吸水管口面积的 2~3 倍。

5）为防止管路滤网堵塞，可在吸水池入口或吸水管周围加设拦污网或拦污栅。

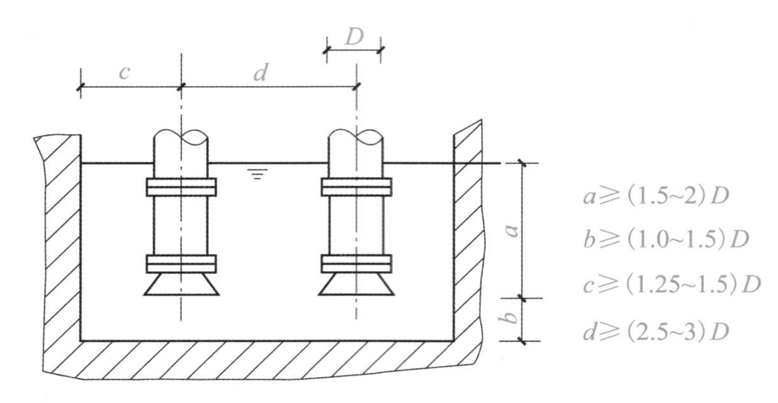

图 1-44　吸水管在水池内的安装位置

第四步：水泵试运转

1. 试运转前的检查

1）检查电动机的运向与水泵的转向是否相符。

2）各固定连接部位应无松动。

3）各润滑部位加注润滑剂的规格和数量应符合设备技术文件的规定；有预润滑要求的部位应按规定进行预润滑。

4）各指示仪表、安全保护装置及电控装置均应灵敏、准确、可靠。

5）盘车应灵活、无异常现象。

2. 水泵的启动

1）离心式水泵应打开吸水管路上的阀门，关闭压水管路上的阀门。

2）吸水管路应充满水，并排尽空气，不得在无水的情况下启动。

3）泵启动后应快速通过喘振区。

4）转速正常后打开压水管路上的阀门，开启时间不宜超过 3min。将泵调节至设计工况，注意不能在性能曲线驼峰处运转，应在性能曲线较平缓段运转。

3. 水泵试运转要求

1）各固定连接部位不得有松动。

2）转子及各运动部件运转正常，不得有异常声响和摩擦现象。

3）附属系统的运转应正常，管道连接应牢固无渗漏。

4）滑动轴承的温度应不大于 70℃，滚动轴承的温度应不大于 80℃。

5）泵的安全保护和电控装置及各部分仪表应灵敏、正确、可靠。

6）机械密封的水泵泄漏量应不大于 5 mL/h，填料密封的水泵泄漏量符合表 1-51 中的规定。

表 1-51　填料密封的泄漏量

设计流量/(m^3/h)	≤50	50~100	100~300	300~1000	>1000
泄漏量/(mL/min)	15	20	30	40	60

7）泵在额定工况点连续试运转的时间应不少于 2 h；高速泵及有特殊要求的泵，试运转时间应符合设备技术文件规定。

8）离心式水泵的停车应在出口阀全闭的状态下进行。

知识链接

水泵安装质量控制及允许偏差

1. 主控项目

1）水泵就位前的基础混凝土强度、坐标、标高、尺寸和螺栓孔位置必须符合设计规定。

检验方法：对照图样用仪器和尺量检查。

2）水泵试运转的轴温升必须符合设备说明书的规定。

检验方法：温度计实测检查。

2. 一般项目

水泵安装的允许偏差和检验方法见表 1-52。

表 1-52　水泵安装的允许偏差和检验方法

<table>
<tr><th colspan="3">项目</th><th>允许偏差</th><th>检验方法</th></tr>
<tr><td rowspan="4">离心式水泵</td><td colspan="2">立式泵体垂直度</td><td>0.1 mm/m</td><td>水平尺和塞尺检查</td></tr>
<tr><td colspan="2">卧式泵体水平度</td><td>0.1 mm/m</td><td>水平尺和塞尺检查</td></tr>
<tr><td rowspan="2">联轴器同心度</td><td>轴向倾斜</td><td>0.8 mm/m</td><td rowspan="2">在联轴器互相垂直的 4 个位置上用水准仪、百分表或测微螺钉和塞尺检查</td></tr>
<tr><td>径向位移</td><td>0.1 mm</td></tr>
</table>

任务八　阀门及水箱安装

任务描述

在安装阀门和水箱前，需要对其进行一系列检查，保证其符合相关的设计规定；在水箱安装过程中，还应注意质量控制及允许偏差。

任务实施

一、阀门安装

第一步：安装前的检查

1. 外观检查

1）阀门外观应无破裂、砂眼、破损等缺陷。

2）阀杆与阀芯的连接应灵活可靠，阀芯与阀座的结合应良好无缺陷。

3）阀杆无弯曲、锈蚀，阀杆与填料压盖配合良好。

4）阀体与管道的连接处螺纹或法兰无缺陷。

2. 强度和严密性试验

阀门的强度试验是指阀门在开启状态下试验，检查其外表面的渗漏情况；阀门的严密性试验是指阀门在关闭状态下试验，检查其密封面是否渗漏。

1）试验应在每批（同牌号、同型号、同规格）数量中抽查10%，且不少于1个。对于安装在主干管上起切断作用的闭路阀门，应逐个进行强度和严密性试验。

2）阀门的强度和严密性试验，应符合下列规定：阀门的强度试验压力为公称压力的1.5倍；严密性试验压力为公称压力的1.1倍；试验压力在试验持续时间内应保持不变，且壳体填料及阀瓣封面无渗漏。阀门的试压试验持续时间应不少于表1-53中的规定。

表 1-53　阀门的试压试验持续时间

公称直径/mm	最短试验持续时间/s		
	严密性试验		强度试验
	金属密封	非金属密封	
≤50	15	15	15
65~200	30	15	60
250~450	60	30	180

第二步：安装阀门

1）阀门与管道或设备的连接方式有螺纹连接和法兰连接两种。安装螺纹阀门时，为便于拆卸，一般 1 个阀门应配活接头 1 只，活接头设置的位置应便于检修，一般应装于阀门出口端。安装法兰阀门时，两个法兰应相互平行且同心，不得使用双垫片。

2）较大管径的阀门吊装时，其吊装钢丝绳应系在阀体上，不得吊装在手轮、阀杆或法兰螺孔上。

3）所有阀门应安装于易于操作、检修处，严禁直埋地下。

4）同一房间内同一设备、同一用途的阀门应排列对称、整齐美观，阀门安装高度应便于操作。

5）水平管道上阀门、阀杆、手轮不可朝下安装，宜垂直向上或上倾一定角度。

6）安装有方向要求的疏水阀、减压阀、单向阀、截止阀时，注意其安装方向应与介质的流动方向一致，切勿反接。

7）换热器、水泵等设备安装体积和重力较大的阀门时，应单设阀门支架；操作频繁、安装高度超过 1.8 m 的阀门，应设固定的操作平台。

8）安装于地下管道上的阀门应设在阀门井内或检查井内。

二、水箱安装

第一步：安装前的准备工作

1）自制水箱的型号、规格应符合设计或标准图的规定，且经满水试验不渗漏。

2）购买的成品水箱，其型号、规格应符合设计要求，有出厂合格证和产品质量证明，并应对其进行外观检查和验收。

3）安装在混凝土基础上的水箱，应对基础施工进行验收，合格并达到强度规定后方可进行安装。

4）水箱安装尺寸应符合设计规定，安装应平整牢固。

5）对钢板焊制的水箱应按设计规定进行内外表面的防腐，有保温要求的，其保温材料的种类、厚度应符合设计规定。

第二步：安装水箱

水箱管道安装示意图和水箱托盘及排水示意图如图 1-45 和图 1-46 所示。与水箱连接的管道有进水管、出水管、溢水管、排污管和信号管。

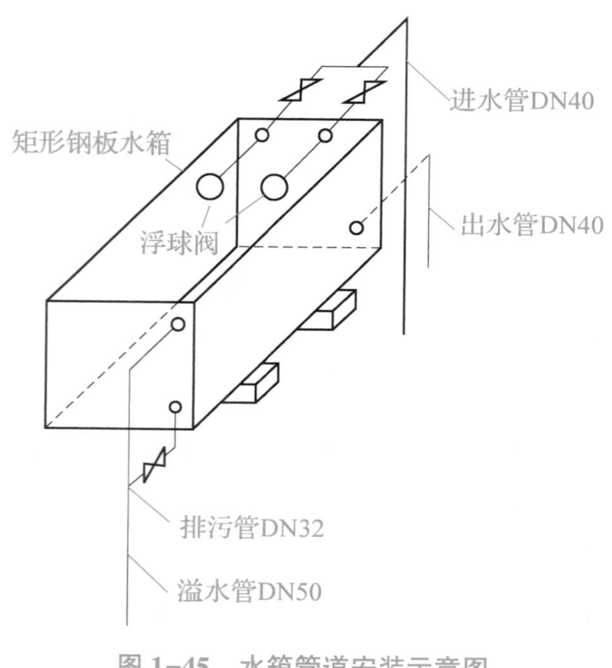

图 1-45　水箱管道安装示意图

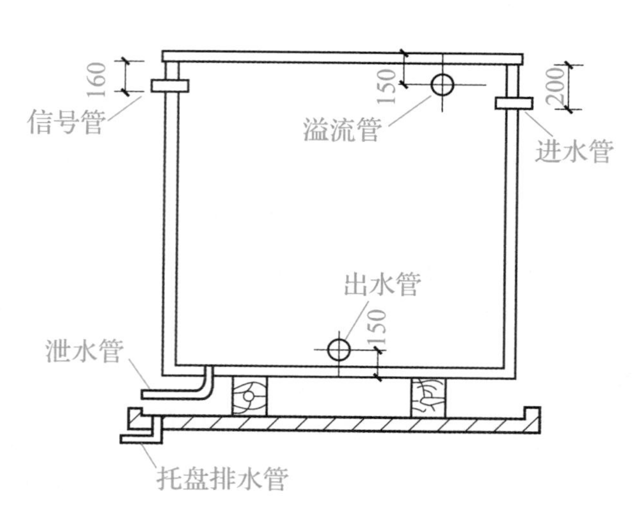

图 1-46　水箱托盘及排水示意图

知识链接

水箱安装质量控制及允许偏差

1. 主控项目

敞口水箱的满水试验和密闭水箱罐的水压试验必须符合设计要求。

检验方法：满水试验静置观察 24 h，不渗不漏；水压试验在试验压力下 10 min 压力不降，不渗不漏。

2. 一般项目

1）水箱支架或底座安装，其尺寸及位置应符合设计规定，埋设平整牢固。

检验方法：对照图样，尺量检查。

2）水箱溢流管和泄放管应设置在排水地点附近，但不得与排水管直接连接。

检验方法：观察检查。

3）室内给水设备安装的允许偏差和检验方法见表 1–54。

表 1–54　室内给水设备安装的允许偏差和检验方法　（单位：mm）

项目		允许偏差	检验方法
静置设备	坐标	15	用经纬仪或拉线、尺量检查
	标高	±5	用水准仪、拉线和尺量检查
	垂直度（每米）	5	吊线和尺量检查

任务九　管道支架安装

任务描述

支架是管道系统的重要组成部分，其作用是支承管道，并限制管道位移和变形，承受从管道出来的内压力、荷载及温度变形的弹性力，并将这些力传递到支承结构或地基上。支架的安装是管道安装的重要环节。

任务实施

第一步：支架的安装

支架的安装方法包括：

1）埋入式安装，如图 1–47 所示。

2）焊接式安装，如图 1–48 所示。

3）用膨胀螺栓安装，如图 1–49 所示。

4）抱箍式安装，如图 1–50 所示。

5）用射钉安装，如图 1–51 所示。

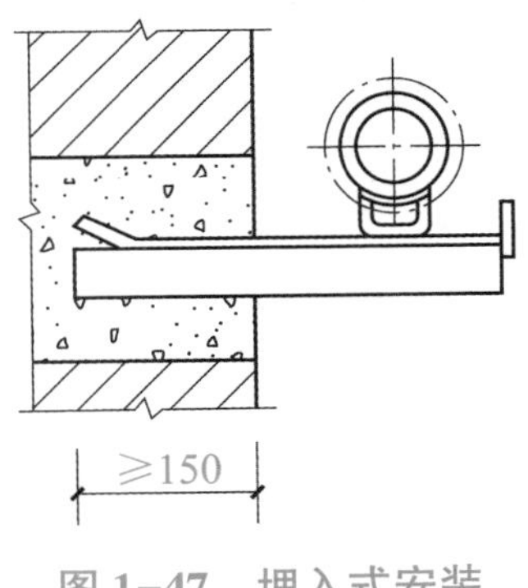

图 1–47　埋入式安装

第二步：支架的安装

支架的安装要求包括：

1）位置应正确，埋设平整牢固。

2）固定支架与管道接触应紧密，固定牢靠。

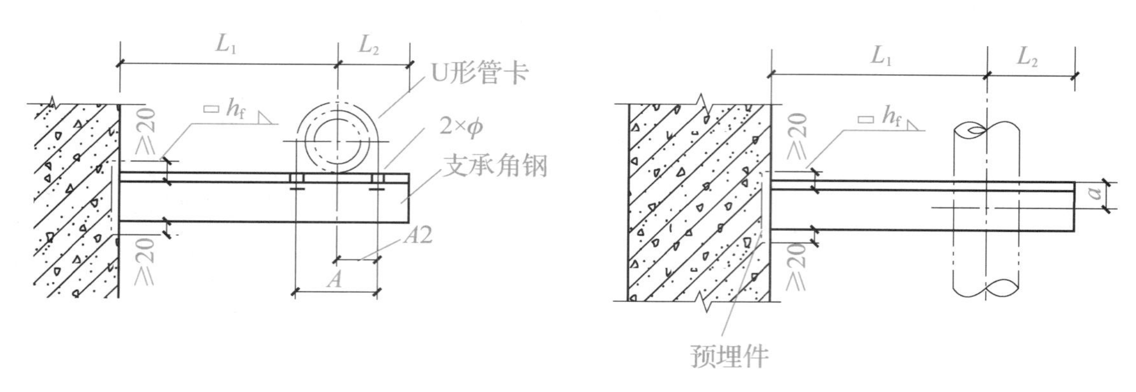

图 1-48　焊接式安装

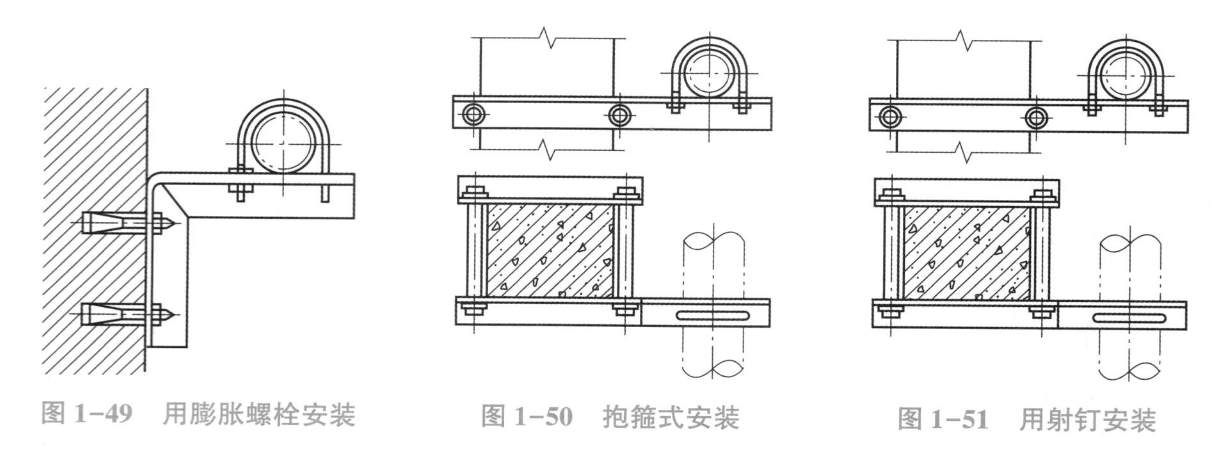

图 1-49　用膨胀螺栓安装　　图 1-50　抱箍式安装　　图 1-51　用射钉安装

3）滑动支架应灵活，滑托与滑槽两侧间应留有 3~4 mm 的间隙，纵向移动量应符合设计要求。

4）无热伸长管道的吊架、吊杆应垂直安装。

5）有热伸长管道的吊架、吊杆应向热膨胀的反方向偏移。

6）固定在建筑结构上的管道支、吊架不能影响结构的安全。

知识链接

支架按其对管道制约作用的不同，可分为固定支架和活动支架。

1. 固定支架

在固定支架上，管道被牢牢地固定住，不能有任何位移。固定支架承受管子及其附件、管内流体、保温材料等的重力（静荷载）以及管道因温度、压力的影响而产生的轴向伸缩推力和变形压力（动荷载）。因此，固定支架必须有足够的强度。

常用的固定支架有卡环式（U 形管卡）（图 1-52）和挡板式（图 1-53）两种。卡环式固定支架用于管径较小（公称直径≤100 mm）的管道；挡板式固定支架用于管径较大（公称直径>100 mm）的管道，有单面挡板和双面挡板两种形式。

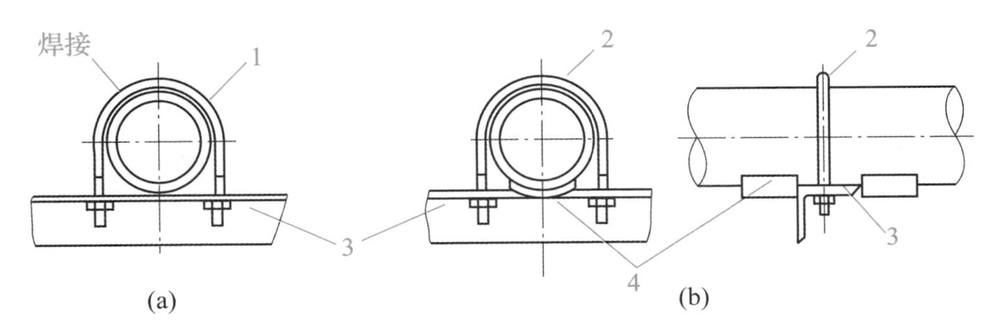

图 1-52　卡环式固定支架

（a）卡环式；（b）带弧形挡板的卡环式

1—固定管卡；2—普通管卡；3—支架横梁；4—弧形挡板

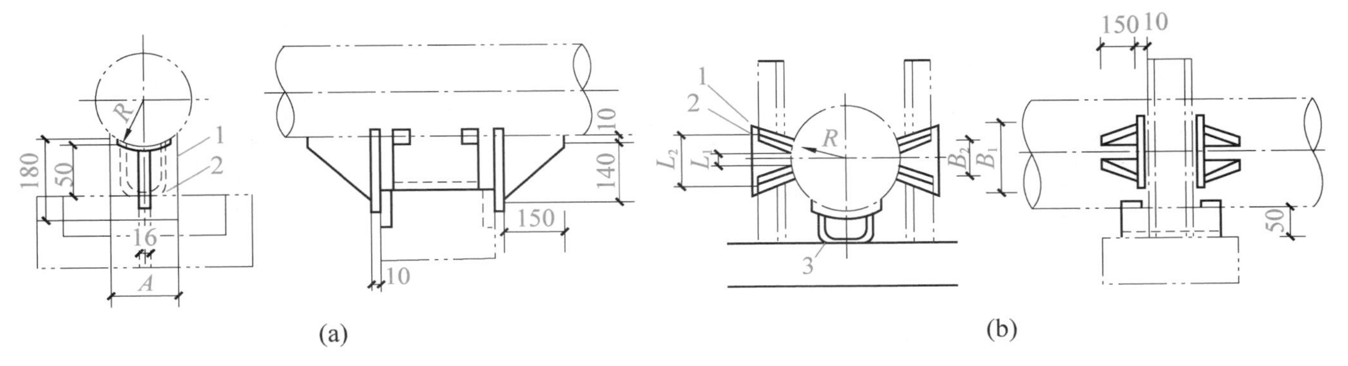

图 1-53　挡板式固定支架

（a）单面挡板式；（b）双面挡板式

1—挡板；2—肋板；3—槽板

2. 活动支架

活动支架有滑动支架（图 1-54～图 1-56）、导向支架（图 1-57）、滚动支架（图 1-58）和吊架（图 1-59）共 4 种。

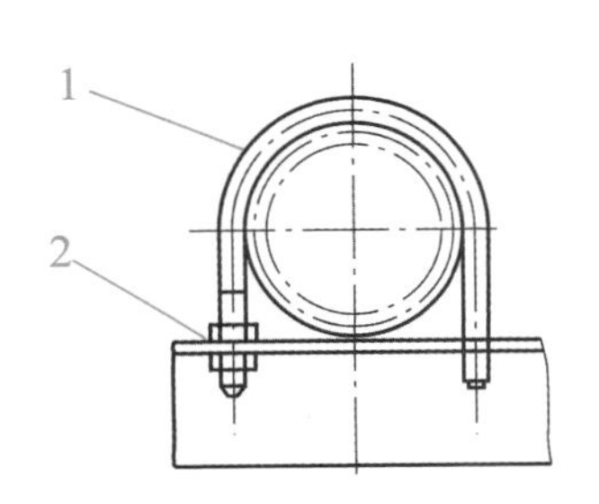

图 1-54　低滑动支架

1—管卡；2—螺母

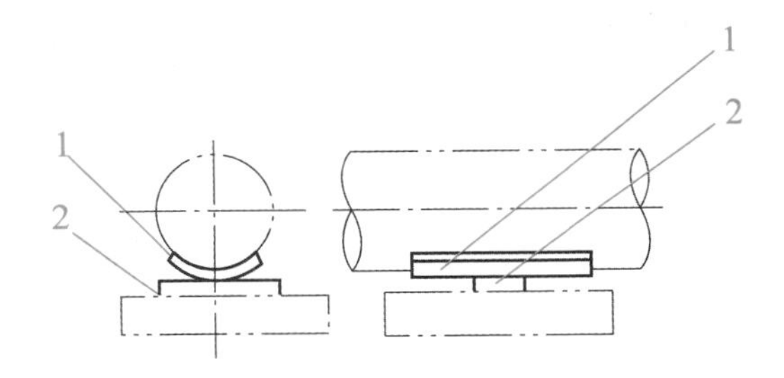

图 1-55　弧形板低滑动支架

1—弧形板；2—托架

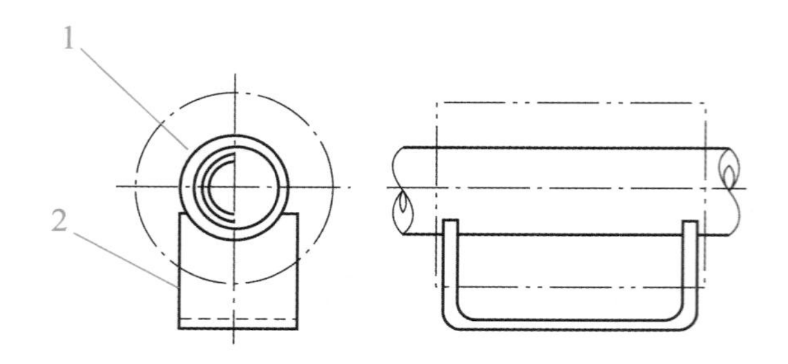

图 1-56　高滑动支架

1—地热层；2—管子托架

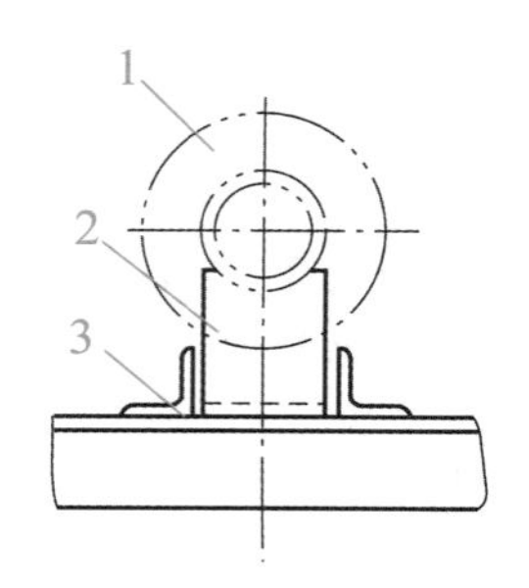

图 1-57　导向支架

1—保温层；2—管子托架；3—导向板

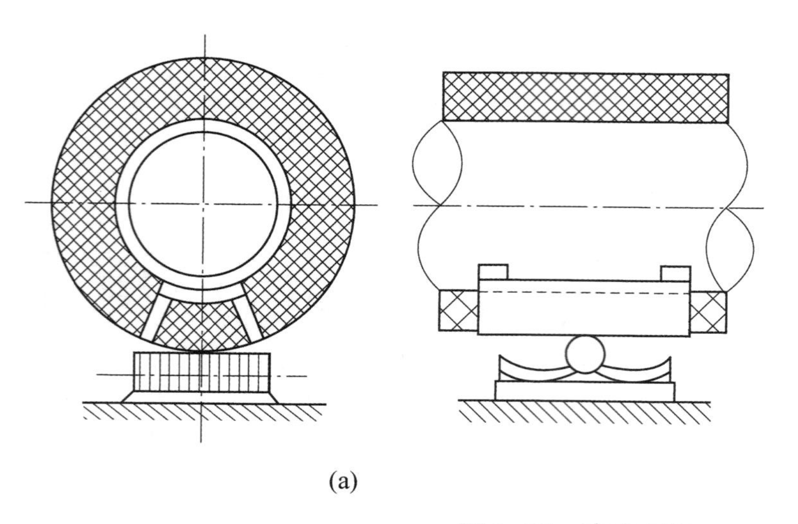

(a)

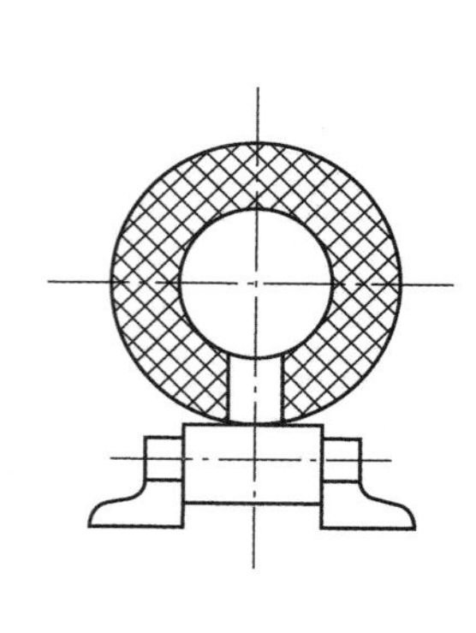

(b)

图 1-58　滚动支架

（a）滚珠支架；（b）滚柱支架

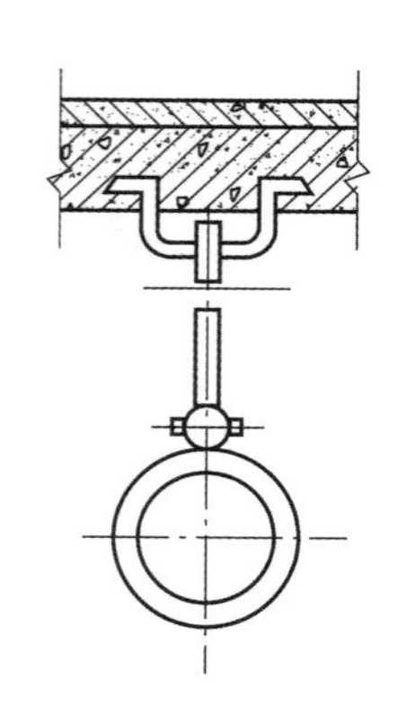

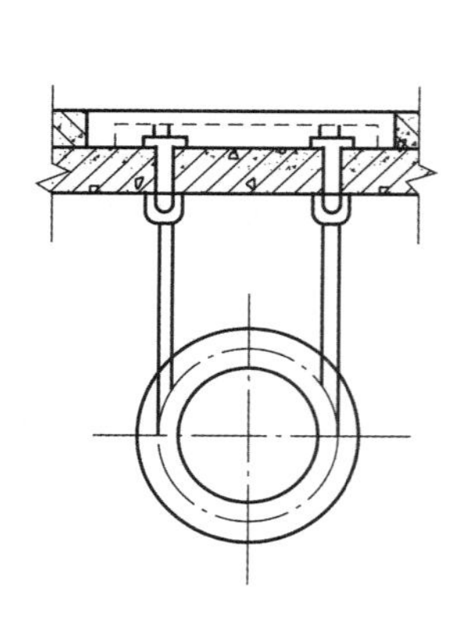

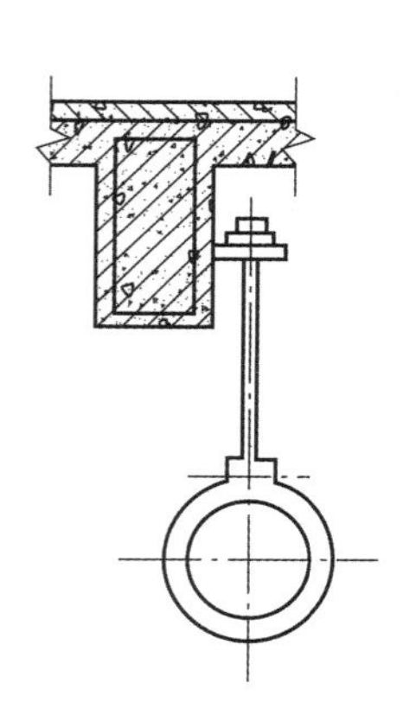

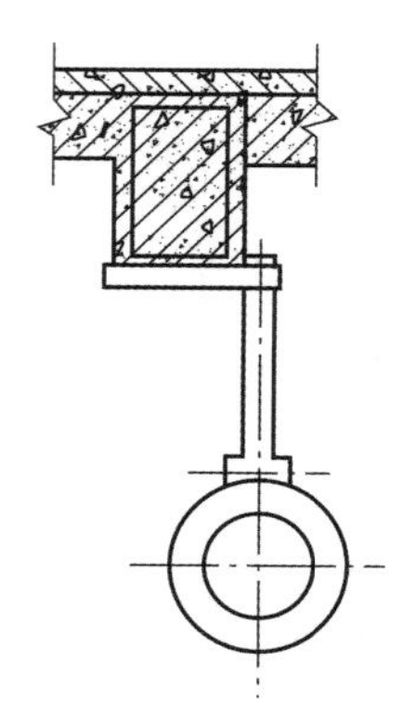

图 1-59　吊架

任务十　管道及设备的防腐与保温

任务描述

在金属管道与设备表面涂刷防腐材料，可防止或减缓金属管材、设备的腐蚀，延长系统的使用寿命。为减少输热管道（设备）及其附件向周围环境传热或环境向输冷管道（设备）传热，防止低温管道和设备外表面结露，应在管道（设备）外表面包覆保温材料，减少热（冷）量损失，保证用水温度，提高用热（冷）的效能。

任务实施

一、管道与设备的防腐

第一步：准备工作

1）防腐工作一般在系统试压合格后进行。

2）防腐作业现场应有足够的场地，作业环境应无风沙、降雨，气温不宜低于5℃、高于40℃，相对湿度不宜大于85%。

3）涂装现场应有防风、防火、防冻、防雨措施。

4）为防止中毒事故发生，应根据涂料的性能，按安全技术操作规程进行施工。

5）备齐防腐操作所需机具，如钢丝刷、除锈机、砂轮机、空气压缩机、喷枪、毛刷等。

第二步：防腐施工

（1）管道与设备表面清理和除锈

若管道与设备表面锈蚀，应采用手工、机械或化学方法除去其表面的氧化皮和污垢，直至露出金属本色，再用毛刷或棉丝擦净。

（2）涂刷防腐层

1）手工涂刷：先将防腐漆搅拌均匀，一般应添加10%~20%稀释剂。开始先试刷，检验其颜色和稠度，合格后再开始涂刷。涂刷的顺序是自上而下、自左向右纵横涂刷。涂刷时应注意表面不得有流淌、堆积或漏刷等现象。

2）机械涂刷：稀释剂的添加量应略多于手工操作涂刷。喷涂时，漆流要与被涂面垂直，喷枪的移动要均匀平稳。

（3）涂料防腐的一般要求

1）明装管道与设备刷一道防锈漆、两道面漆；保温及防结露管道与设备刷两道防锈漆，不刷面漆。

2）暗装管道不刷面漆，只刷两道防锈漆。

3）涂刷两道防锈漆时，应在第一道防锈漆干透后再刷第二道。

4）镀锌钢管直埋敷设时，其防腐应根据设计要求决定；如无设计规定，可按表 1-45 的规定选择防腐层。卷材与管材间应贴牢固，无空鼓、滑移、接口不严等缺陷。

二、管道与设备的保温

一般保温结构从内而外由绝热层、防潮层和保护层组成。

第一步：绝热层施工

（1）预制法

将绝热材料（如泡沫混凝土、硅藻土、矿渣棉、岩棉、玻璃棉、石棉蛭石、可发性聚苯乙烯塑料等）预制成扇形块状或管壳状，然后将其包裹在管道上或设备上形成绝热层。注意：用扇形块状保温材料围抱管道圆周时，块数取偶数或取小块，以便使横向接缝错开。预制品保温结构如图 1-60 所示。

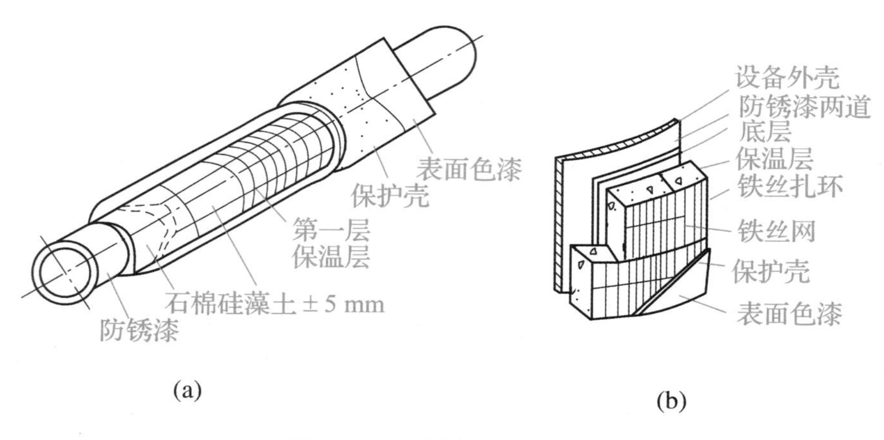

图 1-60 预制品保温结构

（a）管道保温；（b）设备保温

（2）涂抹法

用石棉硅藻土或碳酸镁石棉粉加辅料石棉纤维涂抹在管道、设备、阀门上形成绝热层。涂抹式保温结构如图 1-61 所示。

（3）填充法

将玻璃棉、矿渣棉和泡沫混凝土等填充在管壁周围和设备外包的特制套子或铁丝网内，形成绝热层。填充式保温结构如图 1-62 所示。

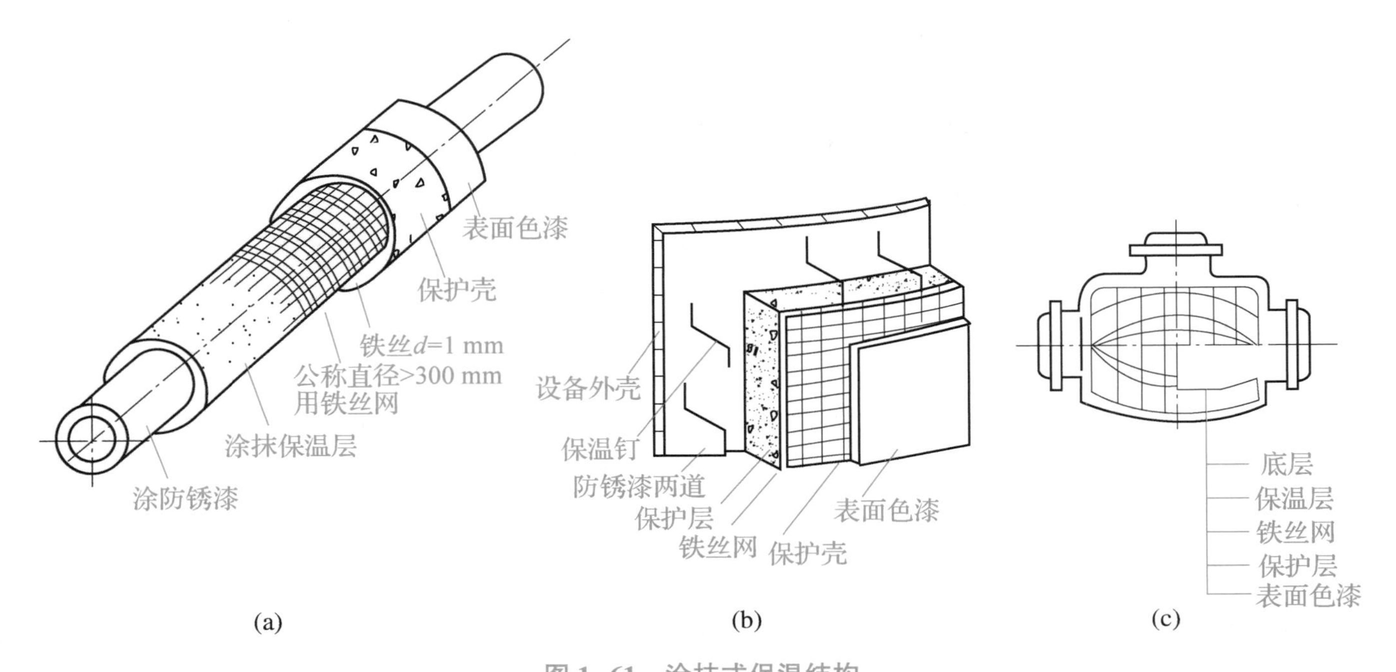

图 1-61　涂抹式保温结构

（a）管道保温；（b）设备保温；（c）阀门保温

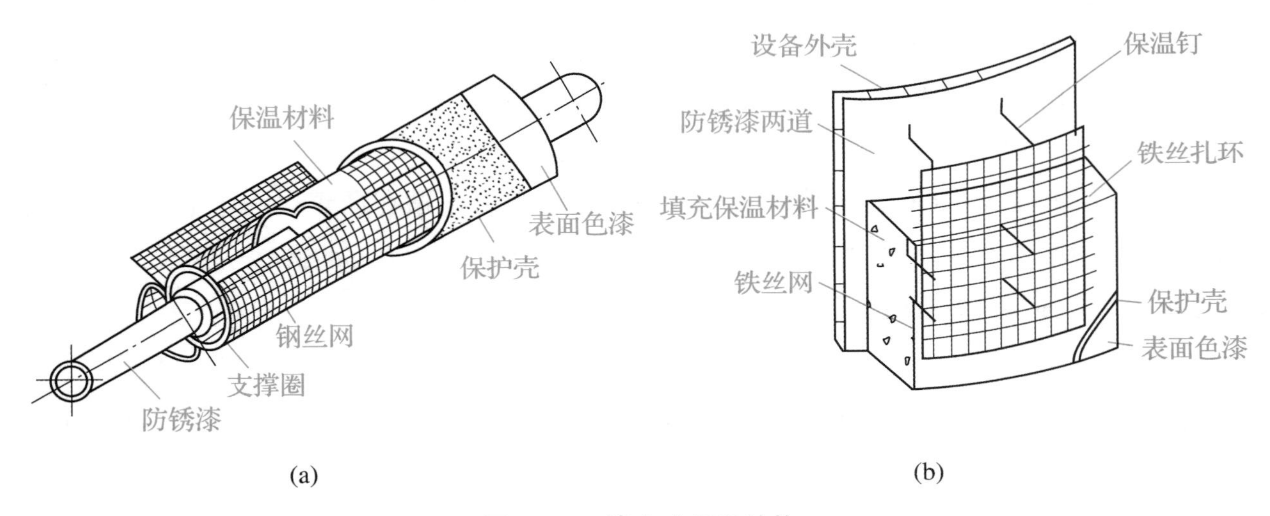

图 1-62　填充式保温结构

（a）管道保温；（b）设备保温

（4）缠包法

将沥青矿渣棉毡、岩棉保温毡和玻璃棉毡等制成片状或带状缠包在管道、设备等外面形成绝热层。缠包式保温结构如图 1-63 所示。

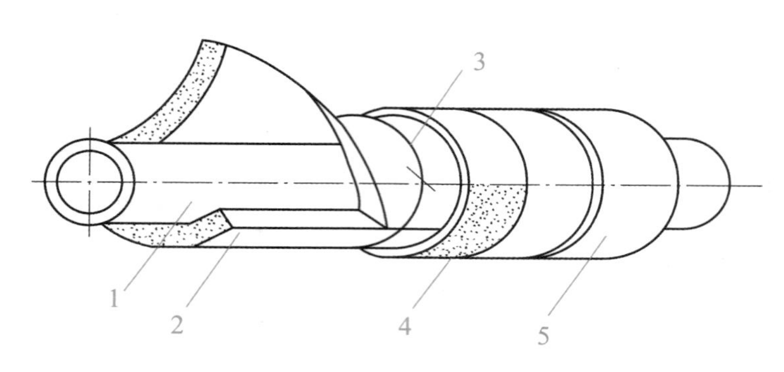

图 1-63　缠包式保温结构

1—管道；2—保温毡或布；3—镀锌铁丝；4—镀锌铁丝网；5—保护层

第二步：防潮层施工

保冷管道及室外保温管露天敷设时，均需增设防潮层。目前常用的防潮材料为石油沥青油毡和沥青胶或防水冷胶玻璃布及沥青玛蹄脂玻璃布等。

（1）沥青胶或防水冷胶玻璃布及沥青玛蹄脂玻璃布防潮层施工

先在绝热层上涂抹沥青或防水冷胶料或沥青玛蹄脂，厚度均为 3 mm；再将厚度为 0. 1～0. 2 mm 的中碱粗格平纹玻璃布贴在沥青层上，其纵向、环向缝搭接长度应不小于 50 mm，搭接处必须粘贴密封；然后用 16～18 号镀锌钢丝捆扎玻璃布，每 300 mm 捆扎一道；待干燥后，在玻璃布表面涂抹 3 mm 厚沥青胶或防水冷胶料，最后将玻璃布密封。

（2）石油沥青油毡防潮层施工

先在绝热层上涂抹 3 mm 厚沥青玛蹄脂，再将石油沥青毡贴在沥青玛蹄脂上，油毡搭接宽度为 50 mm，然后用 17～18 号镀锌钢丝或铁箍捆扎油毡，每 300 mm 捆扎一道，在油毡上涂 3 mm 厚沥青玛蹄脂，并将油毡封闭。

第三步：保护层施工

无论是保温结构还是保冷结构，均应设置保护层。其施工方法因保护层的材料不同而不同。

（1）包扎式复合保护层

将 350 号石油沥青油毡包在绝热层（或防潮层）外，用 18 号镀锌钢丝捆扎，两道钢丝间距为 250～300 mm（公称直径≤100 mm）；也可用宽度 15 mm、厚 0. 4 mm 的钢带扎紧，钢带间距 300 mm（公称直径 450～1000 mm）。将中碱玻璃布以螺旋状紧绕在油毡层外，布带两端每隔 3～5 m 处，用 18 号镀锌钢丝或宽度为 15 mm、厚度 0. 4 mm 的钢带捆扎；最后在油毡玻璃布保护层外刷涂料或沥青冷底子油。室外架空管道油毡玻璃布保护层外面，应刷油性调和漆两道。

（2）玻璃布保护层

先在绝热层外贴一层石油沥青油毡，然后包一层六角镀锌钢丝网。钢丝网接头处搭接宽度应不大于 75 mm，并用 16 号镀锌钢丝绑扎平整。在玻璃布上涂抹 2~3 mm 厚湿沥青橡胶粉玛蹄脂，再用 0.1 mm 厚玻璃布贴在玛蹄脂上，玻璃布纵向和横向搭接宽度应不小于 50 mm。最后在玻璃布外面刷调和漆两道。

（3）金属薄板保护层

使用 0.5~0.8 mm 厚镀锌薄钢板或铝合金薄板作为保护层。安装前，先在金属薄板两边压出两道半圆凸缘；对设备保温时，为加强金属薄板的强度，可在每张金属薄板的对角线上压两道交叉折线。

知识链接

管道及设备防腐保温质量控制及允许偏差

1）在涂刷油漆前，必须清除管道及设备表面的灰尘、污垢、锈斑、焊渣等物。涂漆的厚度应均匀，不得有脱皮、起泡、流淌和漏涂等缺陷。

检验方法：现场观察检查。

2）镀锌钢管、钢管的埋地防腐要求见本项目任务六。

3）直埋管道的保温应符合设计要求，接口在现场发泡时，接头处厚度应与管道保温层厚度一致，接头处保护层必须与管道保护层成一体，符合防潮防水要求。

检验方法：对照图样，观察检查。

4）管道及设备保温层的厚度和平整度的允许偏差应符合表 1-36 的规定。

项目小结

1）建筑给水系统按其用途不同，可分为 3 类：生活给水系统、生产给水系统和消防给水系统。

2）建筑给水系统一般由 6 部分组成：进户管（引入管）；水表（水表井）；管网系统（包括水平或竖直干管、水平或竖直支管）；给水管道附件（如阀门、水表、配件及紧固件等）；升压及储水设备（如水泵、水箱、水池、气压给水装置等）；消防设备（如消火栓、喷淋头、喷淋阀等）。

3）建筑给水系统的给水方式有：直接给水方式，设水箱的给水方式，设水泵的给水方式，设储水池、水泵和水箱的给水方式，设气压给水装置的给水方式，分区给水方式。

4）建筑给水常用管材有钢管、铜管、铸铁管、塑料管、铝塑复合管等，具体应根据不同系统的特点选用。

5）建筑内部给水管道安装的一般流程为：安装准备—预制加工—安装引入管—安装水平

干管—安装立管—安装横支管—安装支管—管道试压与清洗—管道防腐保温。

6）室内消火栓给水系统安装的一般流程为：安装准备—干管安装—箱体及支管安装—箱体配件安装—通水调试。

7）自动喷水灭火系统安装的一般流程为：安装准备—管道安装—喷头安装—报警阀组安装—其他组件安装—管道试压—管道清洗—系统调试。

8）建筑内部热水供应系统安装的一般流程为：安装准备—干管安装—立管安装—水流指示器及报警阀安装—喷洒分层干管安装—管道试压—管道清洗—洒水喷头安装—通水调试。

9）室外给水管网安装的一般流程为：测量放线—开挖沟槽—沟基处理—下管—管道安装—试压—回填土—冲洗与消毒。

10）水泵按安装形式可分为带底座的水泵和不带底座的水泵，工程中多使用带底座的水泵。水泵安装的一般流程为：安装前的准备—水泵安装—水泵配管安装—水泵试运转。

11）在安装阀门和水箱前，需要对其进行一系列检查，保证其符合相关的设计规定；在水箱安装过程中，还应注意质量控制及允许偏差。

12）支架的安装方法有埋入式安装、焊接式安装、用膨胀螺栓安装、抱箍式安装、用射钉安装。

13）在金属管道与设备表面涂刷防腐材料，可防止或减缓金属管材、设备的腐蚀，延长系统的使用寿命。

14）为减少输热管道（设备）及其附件向周围环境传热或环境向输冷管道（设备）传热，防止低温管道和设备外表面结露，应在管道（设备）外表面包覆保温材料，减少热（冷）量损失，保证用水温度，提高用热（冷）的效能。一般保温结构从内而外由绝热层、防潮层和保护层组成。

项目评价

一、自我评价

1）是否对给水系统有了基本认识？

2）是否能够依据施工图，核查管道及设备的标高、位置等是否存在问题，并协商解决？

3）是否能够依据施工图进行备料，并在施工前按图样要求检查材料、设备的质量规格、型号等是否符合设计要求？

4）是否能够根据施工图画出管道分路、管径、变径、预留口、阀门等位置的施工草图，并按草图预制加工？

5）是否能够按施工流程进行建筑给水管道及设备的安装？

二、学习任务评价表

学习任务评价表见表 1-55。

表 1-55　学习任务评价表

考核项目	分数			学生自评	组长评价	老师评价	小计
	差	中	好				
团队合作精神	1	3	5				
给水系统基本知识	1	3	5				
建筑内部给水管道安装	3	6	10				
室内消火栓给水系统安装	3	6	10				
自动喷水灭火系统安装	3	6	10				
建筑内部热水供应系统安装	3	6	10				
室外给水管道安装	3	6	10				
离心式水泵安装	3	6	10				
阀门及水箱安装	3	6	10				
管道支架安装	3	6	10				
管道及设备的防腐与保温	3	6	10				
总分	100						
教师签字：				年　月　日		得分	

复习思考题

1. 建筑给水系统的管材都有哪些？如何选用合适的管材？
2. 建筑内部给水管道安装的一般流程是什么？
3. 如何对管材和管件的质量进行检验？
4. 管道穿墙、楼板、伸缩缝、建筑基础时，应如何处理？
5. 室内消火栓给水系统安装的主控项目有哪些？
6. 敞口水箱和密闭水箱如何做满水试验和水压试验？
7. 简述水泵安装流程。
8. 如何对阀门进行强度试验和严密性试验？
9. 给水管道和设备的防腐和保温要如何施工？

项目二

建筑排水管道及设备安装

项目概述

安装建筑排水管道及设备，需要在了解排水系统基本知识的基础上，按施工流程进行，并应符合相关国家规范及行业规范的规定。本项目主要介绍排水系统基本知识、排水管道的布置与敷设、建筑内部排水管道安装、室外排水管道安装、卫生器具的安装。

学习目标

1. 知识目标

1）了解排水系统基本知识。

2）掌握排水管道的布置与敷设、建筑内部排水管道安装、室外排水管道安装方法。

3）熟悉卫生器具的安装流程。

2. 技能目标

1）能够依据施工图进行排水管道的布置与敷设。

2）能够根据施工图进行建筑排水管道及设备的安装。

3. 思政目标

建筑排水管道及设备按严格按现行规范、规程进行，如《建筑给水排水及采暖工程施工质量验收规范》(GB 50242—2002)，保证施工质量和安全。

思维导图

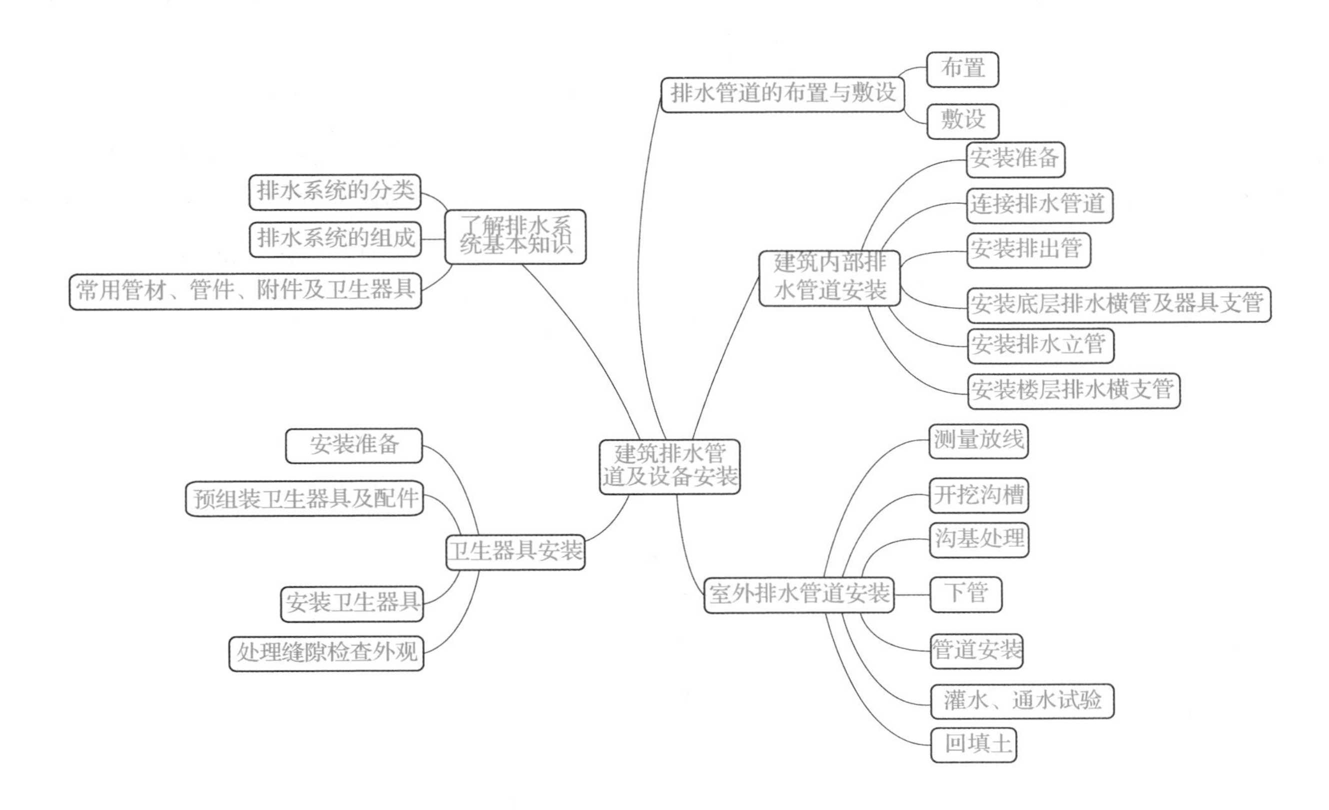

任务一 了解排水系统基本知识

任务描述

本任务的主要内容是了解排水系统的基本知识，包括排水系统的分类、组成，以及常用管材、管件、附件及卫生器具，为排水管道及设备安装打下良好的基础。

知识链接

一、排水系统的分类

根据系统接纳的污废水类型，建筑排水系统可分为三大类。

1）生活排水系统：用于排除居住建筑、公共建筑及工厂生活间人们日常生活产生的盥洗、洗浴和冲洗便器等污废水。为有效利用水资源，生活排水系统可进一步分为生活污水排水系统和生活废水排水系统。生活污水含有大量的有机杂质和细菌，污染程度较重，需先排至城市污水处理厂进行处理，然后排放至河流或加以综合利用；生活废水污染程度较轻，经过适当处理后可以回用于建筑物或居住小区，用来冲洗便器、浇洒道路、绿化草坪植被等，可减轻水环境的污染，增加可利用的水资源。

2）工业废水排水系统：用于排除生产过程中产生的污废水。由于工业生产种类繁多，生产工艺存在不同，所排水质极为复杂，为有效利用水资源，根据其污染程度，工业废水排水系统又可分为生产污水排水系统和生产废水排水系统。生产污水污染较重，需要经过工厂自身处理，达到排放标准后再排至室外排水系统。生产废水污染较轻，可经简单处理后回收利用或排入河流。

3）雨水排水系统：用于收集排除建筑屋面上的雨水和融化的雪水。

二、排水系统的组成

一般建筑内部排水系统的组成如图 2-1 所示。

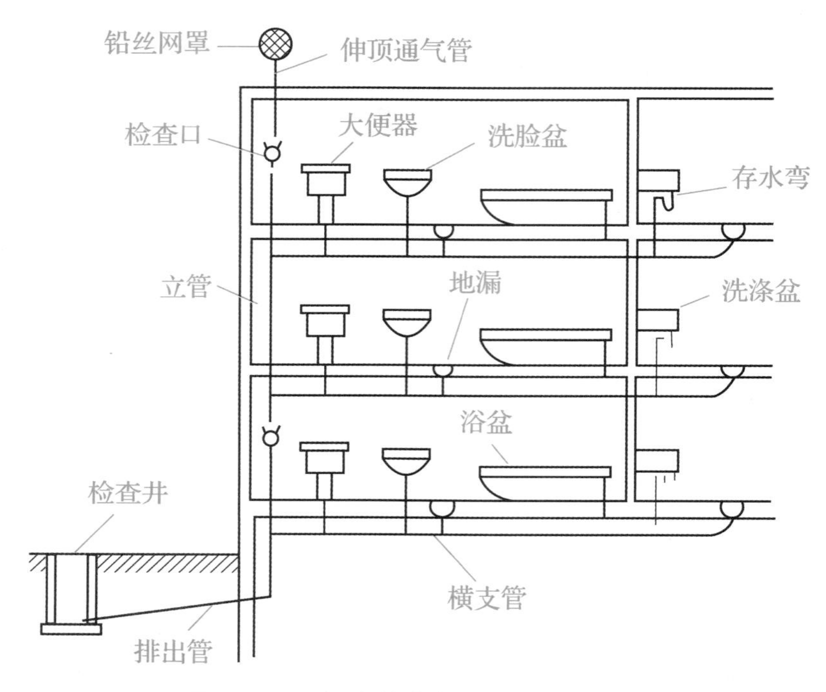

图 2-1　一般建筑内部排水系统的组成

1）污废水受水器。污废水受水器是排水系统的起端，用来承受用水和将使用后的废水、废物排泄到排水系统中的容器，主要指各种卫生器具、收集和排除工业废水的设备等。

2）排水管。排水管由器具排水管、排水横支管、排水立管、埋设在地下的排水干管和排出室外的排出管等组成，其作用是将污（废）水迅速安全地排出室外。

3）通气管。通气管是指在排水管系中设置的与大气相通的管道。通气管的作用：卫生器具排水时，需向排水管系补给空气，减小其内部气压的变化，防止卫生器具水封破坏，使水流畅通；将排水管系中的臭气和有害气体排到大气中；使管系内经常有新鲜空气和废气之间对流，减轻管道内废气造成的锈蚀。

4）清通设备。污水中含有杂质，容易堵塞管道，为了清通建筑内部排水管道，保障排水畅通，需在排水系统中设置清扫口、检查口、室内埋地横干管上的检查井等清通构筑物。

5）污水提升设备。民用建筑的地下室、人防建筑、工业建筑等建筑物内的污废水不能自流排至室外时，需设置污水提升设备，污水提升设备设置在污水泵房（泵组间）内。建筑内部污废水提升包括污水泵的选择、污水集水池（进水间）容积的确定和污水泵房设计，常用的污水泵有潜水泵、液下泵和卧式离心泵。

6）局部处理构筑物。当室内污水未经处理不允许直接排入城市排水系统或水体时需设置局部处理构筑物。常用的局部水处理构筑物有化粪池、隔油井和降温池。

三、常用管材、管件、附件及卫生器具

1. 管材

（1）排水铸铁管

排水铸铁管（见图 2-2）的抗拉强度不小于 140 MPa，水压试验压力为 1.47 MPa，因此管壁较薄，质量较小，出厂时内外表面均不作防腐处理，其外表面的防腐需在施工现场进行。按管承口部位的形状不同，排水铸铁管可分为 A 型和 B 型。其规格也用公称直径表示。

（2）建筑排水用塑料管

建筑排水用塑料管（见图 2-3）是以硬聚乙烯树脂为主要原料，加入专用助剂，经挤压成型的有机高分子材料，具有优良的化学稳定性，耐腐蚀性好，不燃烧，无不良气味，质轻而坚，密度小，表面光滑，容易加工安装，在工程中被广泛应用。建筑排水用塑料管适用于输送生活、生产污水，其规格用 d_e（公称外径）×e（壁厚）表示。

图 2-2 排水铸铁管

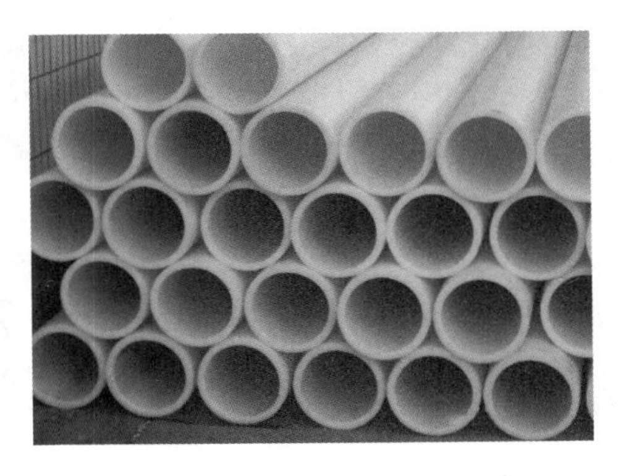

图 2-3 建筑排水用塑料管

2. 管件、附件

（1）铸铁管件

常用铸铁管件如图 2-4 所示。

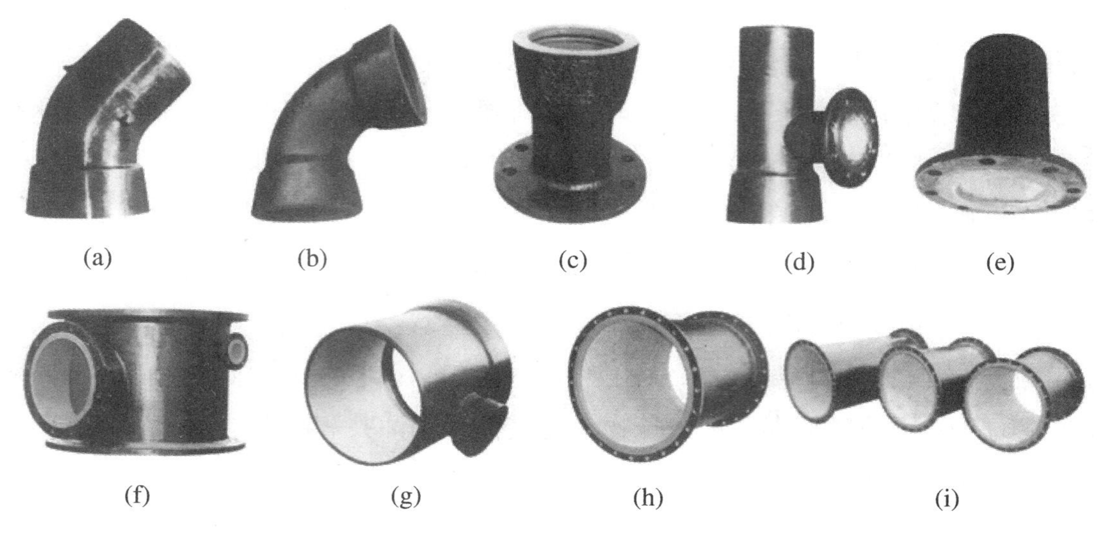

图 2-4　常用铸铁管件

（a）承插弯头；（b）双承弯头；（c）盘承短管；（d）承插盘三通；（e）盘插短管；
（f）全法兰四通；（g）承插三通；（h）焊接双法兰管

（2）硬聚氯乙烯管件

常用硬聚氯乙烯管件如图 2-5 所示。

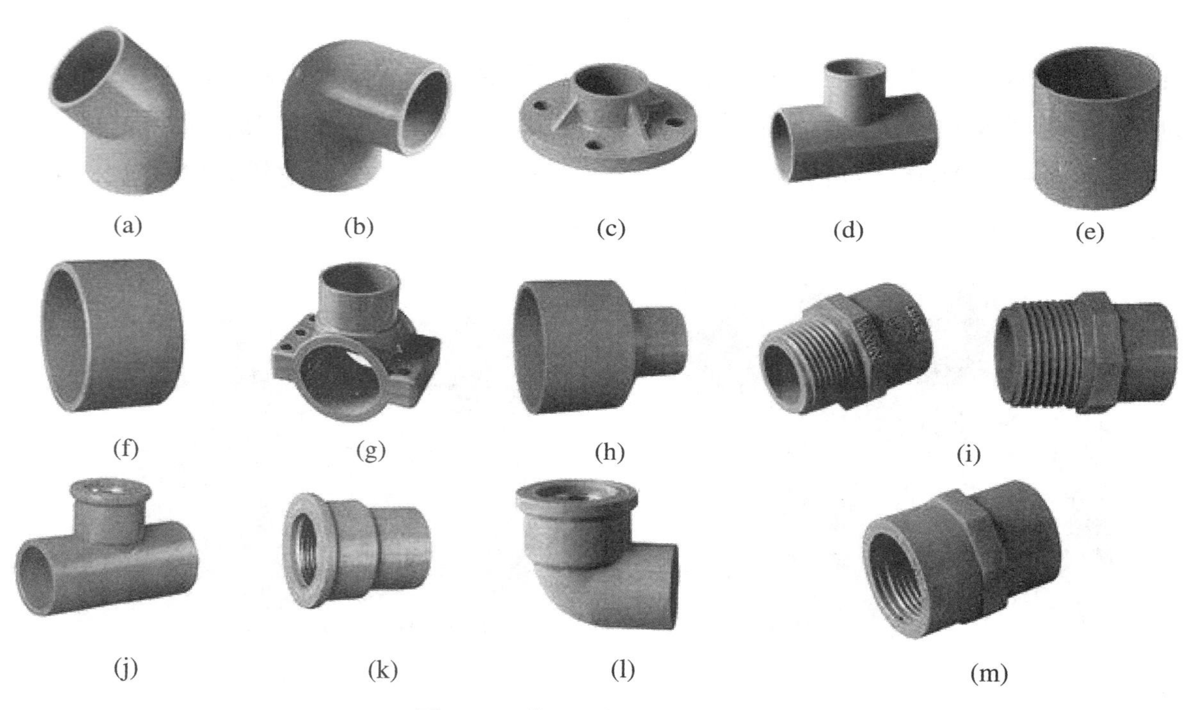

图 2-5　常用硬聚氯乙烯管件

（a）45°弯头；（b）90°弯头；（c）法兰接头；（d）90°三通；（e）套管；（f）管堵；（g）分水鞍；
（h）长型异径管；（i）承口粘接和外螺纹变接头（止阀接头）；（j）铜牙 90°三通；（k）铜牙直接头；
（l）铜牙 90 弯头；（m）承口粘接和内螺纹变接头（塑牙直接头）

（3）存水弯

存水弯指的是在卫生器具内部或器具排水管段上设置的一种内有水封的配件。根据形状不同，存水弯分为 S 形存水弯、P 形存水弯和 U 形存水弯，如图 2-6 所示。

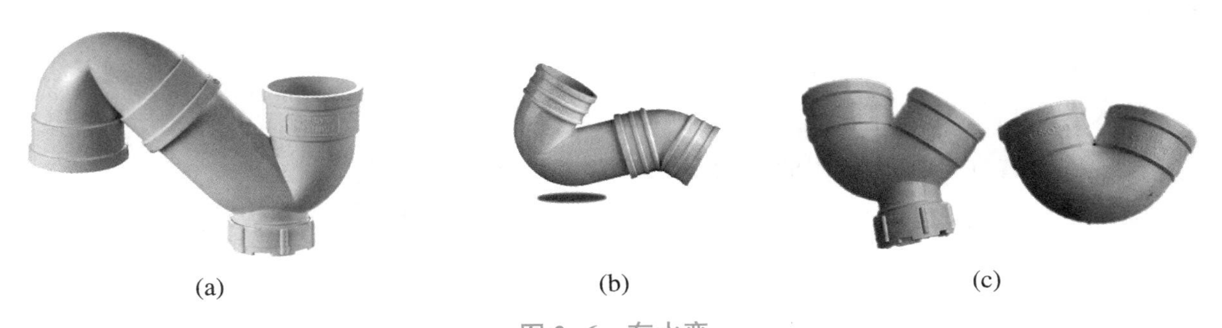

(a)　(b)　(c)

图 2-6　存水弯

（a）S 形存水弯；（b）P 形存水弯；（c）U 形存水弯

3. 卫生器具

卫生器具按使用功能分为便溺用卫生器具、盥洗淋浴用卫生器具、洗涤用卫生器具和专用卫生器具。

1）便溺用卫生器具：包括大便器、大便槽、小便器和小便槽。

2）盥洗淋浴用卫生器具：包括洗脸盆、盥洗槽、淋浴器、浴盆、妇女卫生盆。

3）洗涤用卫生器具：主要包括洗涤盆、污水盆等。

4）专用卫生器具：主要有饮水器和地漏。

任务二　排水管道的布置与敷设

任务描述

排水管道的布置与敷设要求要满足 3 个水力要素：管道充满度、流速和坡度。

任务实施

1. 布置

排水管道的布置原则有以下几个。

1）按管线短、埋深小、尽量自流排出的原则确定。排水管道尽量采用重力流形式，避免提升。由于污水在管道中靠重力流动，管道必须有坡度。

2）排水管道一般沿道路、建筑物平行敷设。污水干管一般沿管路布置，不宜设在狭窄的道路下，也不宜设在无道路的空地上，而通常设在污水量较大或地下管线较少一侧的人行道、绿化带或慢车道下。

3）当管道埋深浅于基础时，应不小于1.5 m；当管道埋深深于基础时，应不小于2.5 m。

4）排水管线尽量避免穿越地上和地下构筑物。

5）管线应布置在建筑物排出管多并且排水量较大的一侧。

6）排水管道转弯和交接处，水流转角应不小于90°，当管径小于300 mm，且跌水水头大于0.3 m时，可不受限制。

2. 敷设

根据建筑物的性质及其对卫生、美观等方面要求的不同，建筑内部排水管道的敷设分为明装和暗装两种。

（1）明装

明装是将管道沿着天花板下、墙上、柱上、梁下、地板旁外等地方外露敷设。其优点是造价比较低，施工相对方便，维修更加简单；缺点是水管外表容易堆积灰尘、产生凝水等，影响美观。

（2）暗装

暗装是将水管管道铺设在吊顶、地面或管沟中隐蔽敷设。其优点是铺设完看不到水管，比较美观；缺点是若后期水管出现漏水等问题不好维修。

排水管道敷设应遵守下列规定。

1）排水立管与排出管端部的连接，宜采用2个45°弯头或弯曲半径不小于4倍管径的90°弯头。排水管应避免轴线偏置；当受条件限制时，宜用乙字弯或2个45°弯头连接。

2）卫生器具排水管与排水横管垂直连接时，应采用90°斜三通。

3）支管、立管接入横干管时，宜在横干管管顶或其两侧45°范围内接入。

4）塑料排水管道应根据环境温度变化、管道布置位置及管道接口形式等考虑设置伸缩节，但埋地或埋设于墙体、混凝土柱体内的管道不应设置伸缩节。

5）排水管道的横管与立管连接时，宜采用45°斜三通、45°斜四通和顺水三通或顺水四通。

6）靠近排水立管底部的排水支管连接，除应符合表2-1和图2-7的规定外，排水支管连接在排出管或排水横干管上时，连接点距立管底部下游水平距离不宜小于3.0 m。当靠近排水立管底部的排水支管的连接不能满足本条要求时，排水支管应单独排至室外检查井或采取有效的防反压措施。

表 2-1 最低横支管与立管连接处至立管管底的垂直距离

立管连接卫生器具的层数	垂直距离/m	立管连接卫生器具的层数	垂直距离/m
≤4	0.45	13~19	3.0
5~6	0.75	≥20	6.0
7~12	1.2		

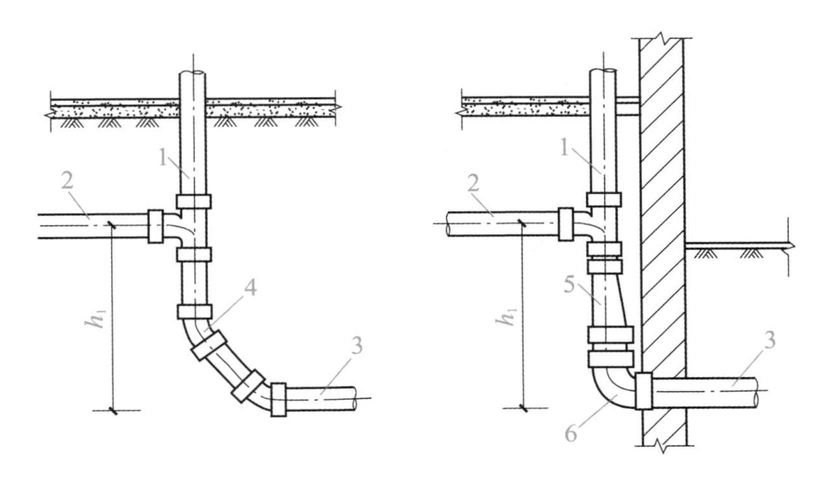

图 2-7 最低横支管与立管连接处至排出管管底的垂直距离

1—立管；2—横支管；3—排出管；4—45°弯头；5—偏心异径管；6—大转弯半径弯头

7）横支管接入横干管竖直转向管段时，连接点应距转向处以下不得小于 0.6m。

8）生活饮用水储水箱（池）的泄水管和溢流管、开水器（热水器）排水、医疗灭菌消毒设备的排水等不得与污（废）水管段系统直接连接，应采取间接排水的方式，即设备或容器的排水管与污（废）水管道之间不仅要设有存水弯隔气，还应留有一段空气间隔，如图 2-8 所示。间隙排水口最小间隙见表 2-2。

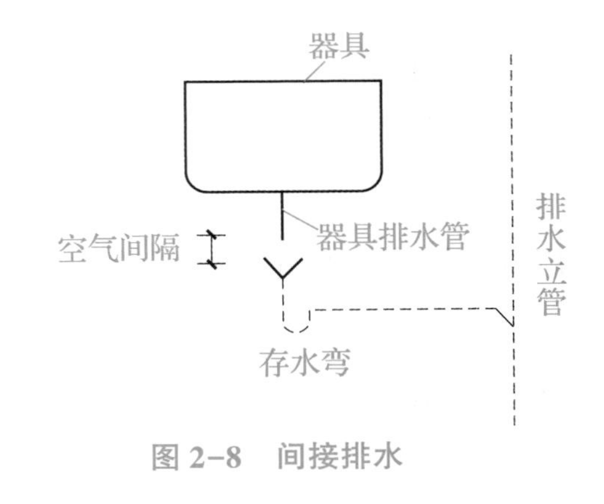

图 2-8 间接排水

表 2-2 间接排水口最小间隙 （单位：mm）

间接排水管管径	排水口最小空隙	间接排水管管径	排水口最小空隙
25 及 25 以下	50	50 以上	150
32~50	100		

9）室内排水管与室外排水管道应用检查井连接；室外排水管除有水流跌落差外，宜管顶平接。排出管管顶标高不得低于室外接户管管顶标高；其连接处的水流转角不得小于 90°，当落差不大于 0.3 m 时，可不受角度的限制。

10）排水管如穿过地下室外墙或地下构筑物的墙壁处，应采取防水措施。

11）当建筑物沉降可能导致排水管倒坡时，应采取防倒坡措施。

12）排水管在穿越楼层设套管且立管底部架空时，应在立管底部设支墩或其他固定措施。地下室立管与排水管转弯处也应设置支墩或固定措施。

13）塑料排水管道支、吊架间距应符合表 2-3 的规定。

表 2-3　塑料排水管支、吊架最大间距

管径/mm	40	50	75	90	110	125	160
立管/m	—	1.2	1.5	2.0	2.0	2.0	2.0
横管/m	0.4	0.5	0.75	0.90	1.10	1.25	1.60

14）为避免住宅建筑排水上下户间相互影响，对住宅建筑宜采用同层排水技术，卫生器具排水管不穿越楼板进入其他户。

任务三　建筑内部排水管道安装

任务描述

建筑内部排水管道安装的一般流程为：安装准备—连接排水管道—安装排出管—安装底层排水横管及器具支管—安装排水立管—安装楼层排水横支管。

任务实施

第一步：安装准备

根据施工图样及技术交底，检查、核对预留孔洞位置和大小尺寸是否正确，将管道坐标、标高位置画线定位。

第二步：连接排水管道

（1）承插连接

排水管材为铸造铁管，接口以麻丝或石棉绳填充，用水泥或石棉水泥打口。

（2）承插黏接

排水管为硬聚氯乙烯塑料管时，可采用承插黏接。

第三步：安装排出管

1）排出管的埋深取决于室外排水管道标高并符合设计要求，排出管与室外排水管道一般采用管顶平接，其水流转角不小于90°；若采用排出管跌水连接且跌落差大于0.3 m，其水流转角不受限制。室外埋设时须保证管道有足够的覆土深度，以满足防冻、防压要求。

2）安装托、吊排出管要先搭设架子，将托架按设计坡度栽好或栽好吊卡，量准吊杆尺寸将预制好的管道托、吊牢固，横管支承件间距不大于2 m。

3）托、吊排出管在吊顶内的，在吊顶前需做闭水试验，按隐蔽工程项目办理隐检手续。

第四步：安装底层排水横管及器具支管

底层排水横管一般采用直埋敷设或悬吊敷设于地下室内。

底层排水横管直埋敷设，当将房心土回填至管底标高时，以安装好的排出管斜三通上的45°弯头承口内侧为基准，将预制好的管段按顺序排好，找准位置、坡度和标高以及各预留口的方向和中心线，将承插口相连。

对敷设好的管道（排出管、底层横支管）进行灌水试验，各接口及管子应不渗漏，经验收合格后堵好各预留管口，配合土建封堵孔、洞和回填。

排水横管悬吊敷设时，应按设计坡度栽埋好吊卡，量好吊杆尺寸，对好排出管上的预留管口、底层卫生器具的排水预留管口，同时按室内地坪线、轴线尺寸接至规定高度。在复核管标高和预留管口方向后，进行灌水试验。

底层器具支管均应实测下料。对坐便器支管应用不带承口的短管接至地表面处；蹲式大便器支管应用承口短管，高出地面10 mm；洗脸盆、洗涤盆、化验盆等的器具支管均应高出地面200 mm；浴盆支管应高出地面50 mm；地漏应低于地面5～10 mm，地面清扫口应与地面相平。

第五步：安装排水立管

排水立管一般在墙角明装，当建筑物有特殊要求时，也可暗装于管道井、管槽内，在检查口处应设检修门。安装时根据施工图校对预留孔洞位置及尺寸。

第六步：安装楼层排水横支管

楼层排水横支管均用悬吊敷设，安装方法与底层横支管的安装方法相同。

排水管道穿墙、穿楼板时预留孔洞的尺寸见表2-4。

表2-4 排水管道预留孔洞的尺寸 （单位：mm）

管道名称	管径	孔洞尺寸（长×宽）
排水立管	50	150×150
	70～100	200×200

续表

管道名称	管径	孔洞尺寸（长×宽）
排水横管	<80	250×200
	100	300×250

连接卫生器具的排水支管的离墙距离及预留洞尺寸应根据卫生器具的型号、规格确定，常用卫生器具排水支管预留孔洞的位置与尺寸见表 2-5。

表 2-5　排水支管预留孔洞的位置与尺寸

卫生器具名称	平面位置	图示
蹲式大便器	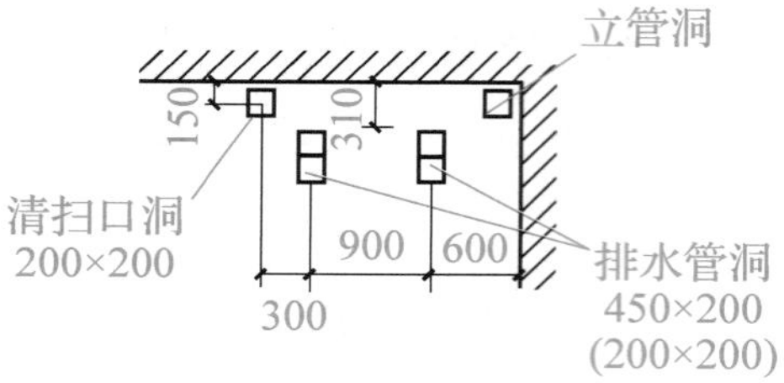 立管洞 150 310 清扫口洞 200×200 900 600 300 排水管洞 450×200 (200×200)	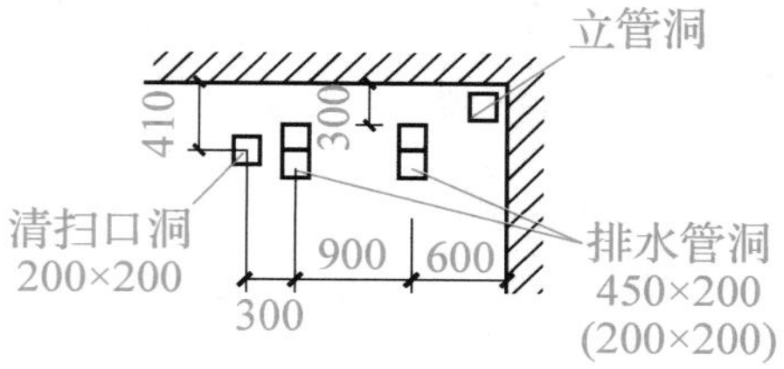 立管洞 410 300 清扫口洞 200×200 900 600 300 排水管洞 450×200 (200×200)
	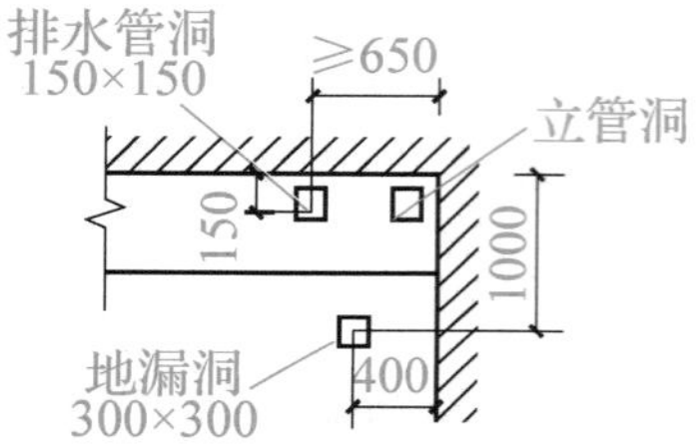 排水管洞 150×150 ≥650 立管洞 150 1000 地漏洞 300×300 400	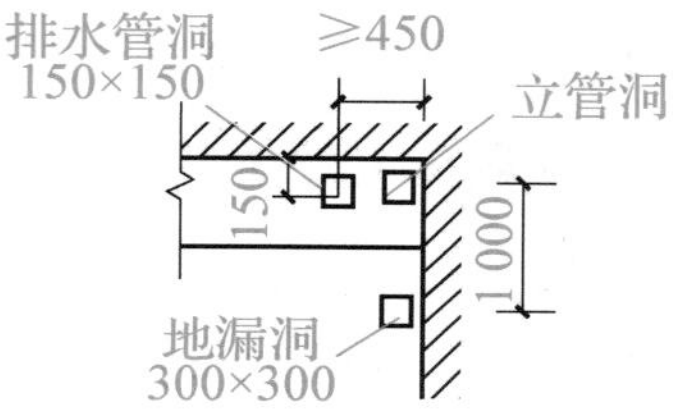 排水管洞 150×150 ≥450 立管洞 150 1000 地漏洞 300×300
小便槽	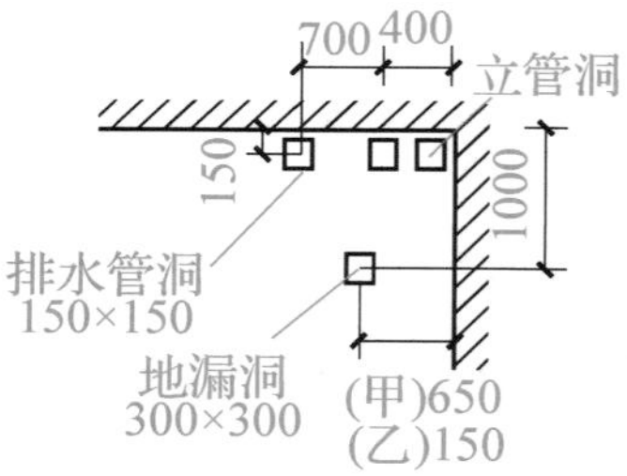 700 400 立管洞 150 1000 排水管洞 150×150 地漏洞 300×300 (甲)650 (乙)150	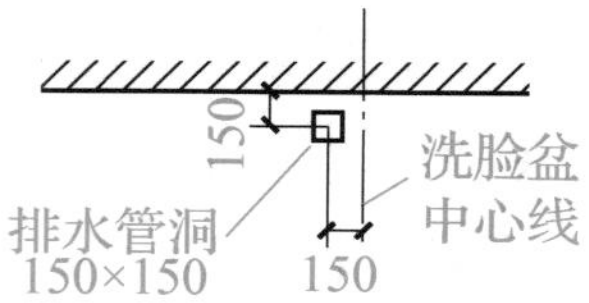 150 排水管洞 150×150 150 洗脸盆中心线
	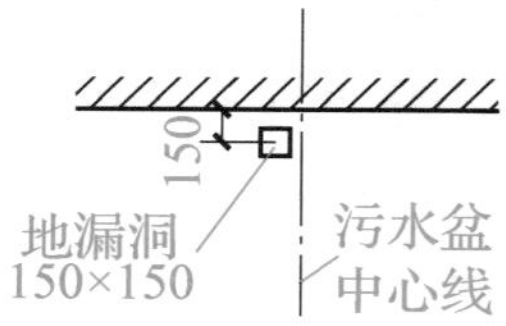 150 地漏洞 150×150 污水盆中心线	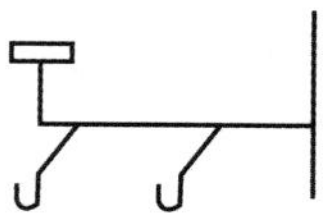

续表

卫生器具名称	平面位置	图示
挂式小便器		
洗脸盆		
污水池（盆）	(甲)　(乙)	

知识链接

排水管道及配件安装质量控制及允许偏差

1. 主控项目

1）隐蔽或埋地的排水管道在隐蔽前必须做灌水试验，其灌水高度应不低于底层卫生器具的上边缘或底层地面高度。

检验方法：满水 15 min 水面下降后，再灌满观察 5 min，液面不降，管道及接口无渗漏为合格。

2）生活污水铸铁管道的坡度必须符合设计或表 2-6 的规定。

表 2-6　生活污水铸铁管道的坡度

项次	管径/mm	标准坡度/‰	最小坡度/‰
1	50	35	25
2	75	25	15
3	100	20	12
4	125	15	10
5	150	10	7
6	200	8	5

检验方法：水平尺、拉线尺量检查。

3）生活污水塑料管道的坡度必须符合设计或表 2-7 的规定。

表 2-7　生活污水塑料管道的坡度

项次	管径/mm	标准坡度/‰	最小坡度/‰
1	50	25	12
2	75	15	8
3	110	12	6
4	125	10	5
6	160	7	4

检验方法：水平尺、拉线尺量检查。

4）排水塑料管必须按设计要求及位置装设伸缩节。如设计无要求，伸缩节间距不得大于 4 m。

高层建筑中明设排水塑料管道应按设计要求设置阻火圈或防火套管。

检验方法：观察检查。

5）排水主立管及水平干管管道均应做通球试验，通球球径不小于排水管道管径的 2/3，通球率必须达到 100%。

检查方法：通球检查。

2. 一般项目

1）在生活污水管道上设置的检查口或清扫口，当设计无要求时，应符合下列规定：

①在立管上应每隔一层设置一个检查口，但在最底层和有卫生器具的最高层必须设置。如为两层建筑，可仅在底层设置立管检查口；如有乙字弯管，则在该层乙字弯管的上部设置检查口。检查口中心高度距操作地面一般为 1 m，允许偏差为±20 mm；检查口的朝向应便于检修。暗装立管，在检查口处应安装检修门。

②在连接 2 个及 2 个以上大便器或 3 个及 3 个以上卫生器具的污水横管上应设置清扫口。当污水管在楼板下悬吊敷设时，可将清扫口设在上一层楼地面上，污水管起点的清扫口与管道相垂直的墙面距离不得小于 200 mm；若污水管起点设置堵头代替清扫口，与墙面距离不得小于 400 mm。

③在转角小于 135°的污水横管上，应设置检查口或清扫口。

④污水横管的直线管段，应按设计要求的距离设置检查口或清扫口。

检验方法：观察和尺量检查。

2）埋在地下或地板下的排水管道的检查口，应设在检查井内。井底表面标高与检查口的法兰相平，井底表面应有5%坡度，坡向检查口。

检验方法：尺量检查。

3）金属排水管道上的吊钩或卡箍应固定在承重结构上。固定件间距：横管不大于2 m；立管不大于3 m。楼层高度小于或等于4 m，立管可安装1个固定件。立管底部的弯管处应设支墩或采取固定措施。

检验方法：观察和尺量检查。

4）排水塑料管道支、吊架间距要求见本项目任务二。

5）排水通气管不得与风道或烟道连接，且应符合下列规定。

①通气管应高出屋面300 mm，但必须大于最大积雪厚度。

②在通气管出口4 m以内有门、窗时，通气管应高出门、窗顶600 mm或引向无门、窗一侧。

③在经常有人停留的平屋顶上，通气管应高出屋面2 m，并应根据防雷要求设置防雷装置。

④若屋顶有隔热层，应从隔热层板面算起。

检验方法：观察和尺量检查。

6）安装未经消毒处理的医院含菌污水管道，不得与其他排水管道直接连接。

检验方法：观察检查。

7）饮食业工艺设备引出的排水管及饮用水水箱的溢流管，不得与污水管道直接连接，并应留出不小于100 mm的隔断空间。

检验方法：观察和尺量检查。

8）通向室外的排水管，穿过墙壁或基础必须下返时，应采用45°三通和45°弯头连接，并应在垂直管段顶部设置清扫口。

检验方法：观察和尺量检查。

9）由室内通向室外排水检查井的排水管，井内引入管应高于排出管或两管顶相平，并有不小于90°的水流转角，如跌落差大于300 mm可不受角度限制。

检验方法：观察和尺量检查。

10）用于室内排水的水平管道与水平管道、水平管道与立管的连接，应采用45°三通或45°四通和90°斜三通或90°斜四通。立管与排出管端部的连接，应采用两个45°弯头或曲率半径不小于4倍管径的90°弯头。

检验方法：观察和尺量检查。

11）室内排水和雨水管道安装的允许偏差和检验方法见表2-8。

表 2-8　室内排水和雨水管道安装的允许偏差和检验方法　（单位：mm）

<table>
<tr><th>项次</th><th colspan="4">项目</th><th>允许偏差</th><th>检验方法</th></tr>
<tr><td>1</td><td colspan="4">坐标</td><td>15</td><td rowspan="14">用水准仪（水平尺）、直尺、拉线和尺量检查</td></tr>
<tr><td>2</td><td colspan="4">标高</td><td>±15</td></tr>
<tr><td rowspan="12">3</td><td rowspan="12">横管纵横方向弯曲</td><td rowspan="2">铸铁管</td><td colspan="2">每 1 m</td><td>≤1</td></tr>
<tr><td colspan="2">全长（25 m）以上</td><td>≤25</td></tr>
<tr><td rowspan="4">钢管</td><td rowspan="2">每 1 m</td><td>管径小于或等于 100 mm</td><td>1</td></tr>
<tr><td>管径大于 100 mm</td><td>1.5</td></tr>
<tr><td rowspan="2">全长（25 m 以上）</td><td>管径小于或等于 100 mm</td><td>≤25</td></tr>
<tr><td>管径大于 100 mm</td><td>≤38</td></tr>
<tr><td rowspan="2">塑料管</td><td colspan="2">每 1 m</td><td>1.5</td></tr>
<tr><td colspan="2">全长（25 mm 以上）</td><td>≤38</td></tr>
<tr><td rowspan="2">钢筋混凝土管、混凝土管</td><td colspan="2">每 1 m</td><td>3</td></tr>
<tr><td colspan="2">全长（25 m 以上）</td><td>≤75</td></tr>
<tr><td rowspan="6">4</td><td rowspan="6">立管垂直度</td><td rowspan="2">铸铁管</td><td colspan="2">每 1 m</td><td>3</td><td rowspan="6">吊线和尺量检查</td></tr>
<tr><td colspan="2">全长（5 m 以上）</td><td>≤15</td></tr>
<tr><td rowspan="2">钢管</td><td colspan="2">每 1 m</td><td>3</td></tr>
<tr><td colspan="2">全长（5 m 以上）</td><td>≤10</td></tr>
<tr><td rowspan="2">塑料管</td><td colspan="2">每 1 m</td><td>3</td></tr>
<tr><td colspan="2">全长（5 m 以上）</td><td>≤15</td></tr>
</table>

任务四　室外排水管道安装

任务描述

室外排水管道采用直埋式敷设，其安装的一般流程为：测量放线—开挖沟槽—沟基处理—下管—管道安装—灌水、通水试验—回填土。

任务实施

一、安装方法

室外排水管道的接口方式有刚性和柔性两种。根据管径大小、施工条件和技术力量等的不同，其安装方法有平基法、垫块法和“四合一”法。

1. 平基法

平基法的施工流程为：支平基模板—浇筑平基混凝土—下管—稳管—支管座模板—浇筑管座混凝土—抹带接口—养护。

（1）支平基模板

平基模板可用钢木混合模板、木模板，土质好时也可用土模，还可用 150 mm×150 mm 的方木代替模板。模板支搭应便于混凝土的分层浇筑，接缝处应严密，防止漏浆。模板应沿基础边线垂直竖立，内打钢钎，外侧撑牢。

（2）浇筑平基时的注意事项

1）浇筑平基混凝土之前，应进行验槽。

2）验槽合格后，尽快浇筑混凝土平基，减少地基扰动的可能性。

3）严格控制平基顶面高程。

4）平基混凝土抗压强度达到 5 MPa 以上时，方可下管，其间注意混凝土的养护。

（3）管道施工要点

1）根据测量给定的高程和中心线，挂上中心线和高程线，确定下反常数并做好标志。

2）在操作对口时，将混凝土管下到安管位置，然后人工移动管子，使其对中和找高程。公称直径≥700 mm 时，对口间隙按 10 mm 控制，相邻管口底部错口不大于 3 mm。

3）将稳定好的管子，用干净石子卡牢，尽快浇筑混凝土管座。浇筑管座时应注意：浇筑混凝土之前平基应冲洗干净，有条件的应凿毛，平基与管子接触的三角区应特别填满捣实。公称直径≥700 mm 时，浇筑混凝土应配合勾捻内缝；公称直径<700 mm 时，可用麻袋球或其他工具在管内来回拖拉，将涌入管内的灰浆拉平。

2. 垫块法

垫块法是按照管道中心和高程，先安好垫块和混凝土管，再浇筑混凝土基础和管座。用这种方法可避免平基和管座分开浇筑，有利于保证接口质量。

垫块法的施工流程为：安装垫块—下管、稳管—支模板—浇筑混凝土基础与管座—接口—养护。

安装管道时应在每节管下部放置两块垫块，放置要平稳，高程符合设计要求。管子对口间隙与平基法相同。管子安装好后一定要用石子将管子卡牢，尽快浇筑混凝土基础和管座。安装管道时，应防止管子从垫块上滚下伤人，管子两侧设保护措施。

浇筑混凝土管基时先检查模板尺寸和支搭情况。浇筑混凝土时先从管子一侧下灰，经振捣使混凝土从管下部涌向另一侧后，再从两侧浇筑混凝土，以防管子下部混凝土出现漏洞；用钢丝网水泥砂浆抹带接口，插入管座混凝土部分的钢丝网位置应正确，结合应牢靠。

3. “四合一”法

在混凝土管施工中，将平基、安管、管座、抹带四道工序连续进行的做法称为“四合一”法，其施工流程为：验槽—支模—下管—施工—养护。具体施工方法如下。

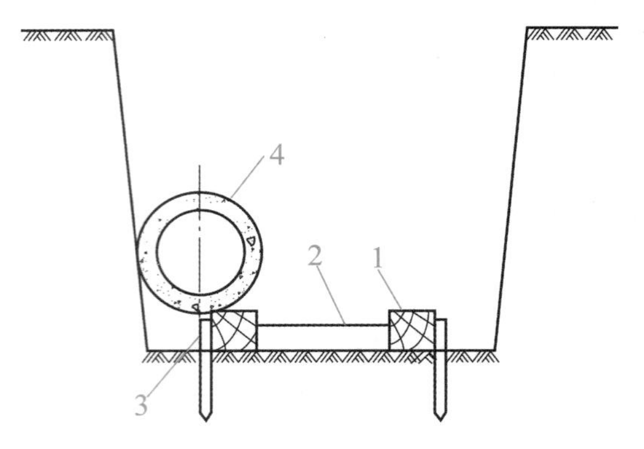

图 2-9　“四合一”支模排管示意图

1—方木；2—临时撑杆；3—铁钎；4—管子

根据操作要求，支模高度应略高于平基或90°基础面高度。因“四合一”施工一般将管子下到沟槽一侧压在模板上，如图 2-9 所示，所以模板支设应特别牢固。

浇筑平基时，混凝土坍落度控制在 20~40 mm，浇筑平基混凝土面比平基设计面高出 20~40 mm。在稳管时，轻轻揉动管子，使管子略高于设计高程，以适应安装下一节管子时的微量下沉。当管径小于或等于 400 mm 时，可将平基与管座混凝土一次浇筑。

二、灌水试验

室外排水管道施工完毕，接口填料强度达到要求，管道及检查井外观质量验收合格后，即可按规范要求做灌水试验。灌水试验应在回填土之前进行，操作方法如下。

1）按图 2-10 所示连接试压系统，用堵板封闭试验管段起点和终点的检查井。在起点检查井的管沟边设置试验水箱，其高度应高出起点检查井管顶 1 m。

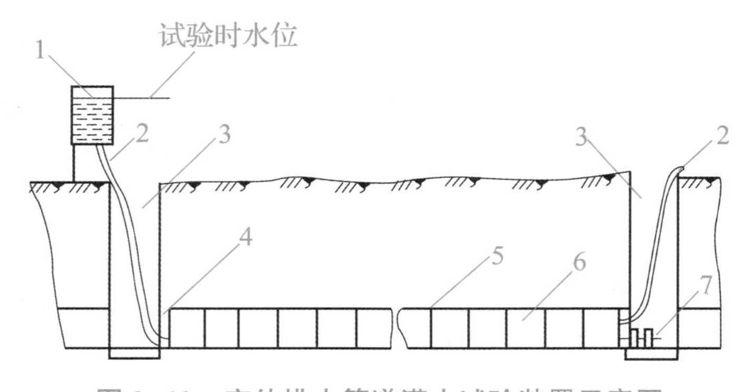

图 2-10　室外排水管道灌水试验装置示意图

1—水箱；2—胶管；3—检查井；4—堵板；5—接口；6—试验管段；7—阀门

2）将进水管接至堵板下侧，挖好排水沟，由水箱向管内充水。

3）量好水位后观察管道接口及管材是否严密不漏。

知识链接

1. 室外排水管道安装质量控制与允许偏差

（1）主控项目

1）排水管道的坡度必须符合设计要求，严禁无坡或倒坡。

检验方法：用水准仪、拉线和尺量检查。

2）管道埋设前必须做灌水试验和通水试验，排水应畅通，无堵塞，管接口无渗漏。

检验方法：按排水检查井分段试验，试验水头应以试验段上游管顶加 1 m，时间不少于 30 min，逐段观察。

（2）一般项目

1）管道的坐标和标高应符合设计要求，安装的允许偏差和检验方法见表 2-9。

表 2-9　室外排水管道安装的允许偏差和检验方法　（单位：mm）

项次	项目		允许偏差	检验方法
1	坐标	埋地	100	拉线尺量
		敷设在沟槽内	50	
2	标高	埋地	±20	用水平仪、拉线和尺量
		敷设在沟槽内	±20	
3	水平管道纵横向弯曲	每 5 m 长	10	拉线尺量
		全长（两井间）	30	

2）排水铸铁管采用水泥捻口时，油麻填塞应密实，接口水泥应密实饱满，其接口面凹入承口边缘且深度不得大于 2 m。

检验方法：观察和尺量检查。

3）排水铸铁管外壁在安装前应除锈，涂两遍石油沥青漆。

检验方法：观察检查。

4）安装承插接口的排水管道时，管道和管件的承口应与水流方向相反。

检验方法：观察检查。

5）混凝土管或钢筋混凝土管采用抹带接口时，应符合下列规定：

①抹带前应将管口的外壁凿毛，扫净，当公称直径小于或等于 500 mm 时，抹带可一次完成；当公称直径大于 500 mm 时，应分两次抹成，抹带不得有裂纹。

②钢丝网应在管道就位前放入下方，抹压砂浆时应将钢丝网抹压牢固，钢丝网不得外露。

③抹带厚度不得小于管壁的厚度，宽度宜为 80~100 mm。

检验方法：观察和尺量检查。

2. 排水管沟及井池质量控制与允许偏差

（1）主控项目

1）沟基的处理和井池的底板强度必须符合设计要求。

检验方法：现场观察和尺量检查，检查混凝土强度报告。

2）排水检查井、化粪池的底板及进、出水管的标高，必须符合设计，其允许偏差为±15 mm。

检验方法：用水准仪及尺量检查。

（2）一般项目

1）井、池的规格、尺寸和位置应正确，砌筑和抹灰符合要求。

检验方法：观察及尺量检查。

2）井盖选用应正确，标志应明显，标高应符合设计要求。

检验方法：观察和尺量检查。

任务五　卫生器具安装

任务描述

卫生器具安装的一般流程为：安装准备—预组装卫生器具及配件—安装卫生器具—处理缝隙、检查外观。

任务实施

第一步：安装准备

1）排水管道灌水试验完毕并合格。

2）通过外观、敲击、丈量、通球等方式，对卫生器具进行质量检查，并认真阅读安装说明书，核对配件清单，检查预留孔洞的位置和形式。

第二步：预组装卫生器具及配件

根据安装说明书的提示，对卫生器具或洁具配件进行预装，进一步明确工序和过程。

第三步：安装卫生器具

常用卫生器具的安装详图如图 2-11～图 2-16 所示。表 2-10 和表 2-11 为常用卫生器具和给水配件的安装高度。

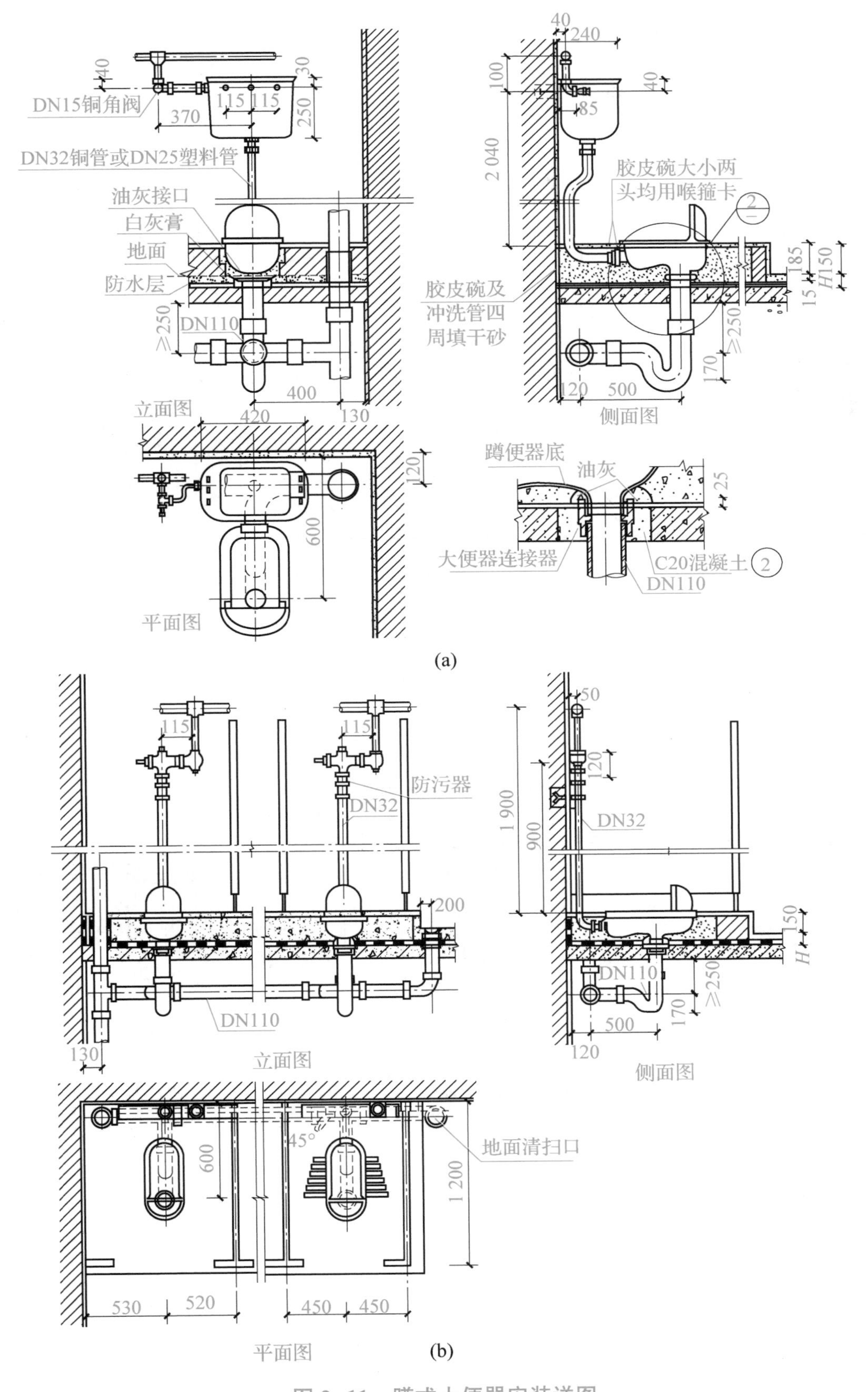

(a)

(b)

图 2-11　蹲式大便器安装详图

（a）高水箱蹲式大便器；（b）冲洗阀蹲式大便器

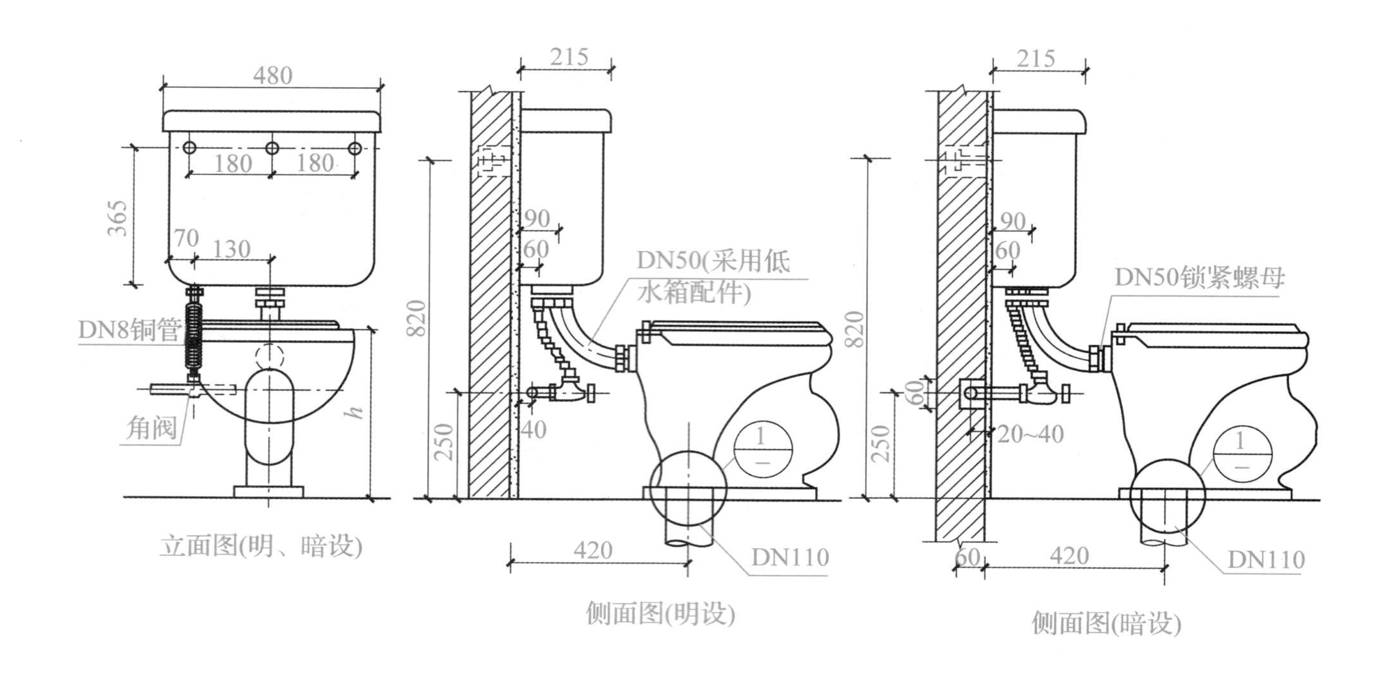

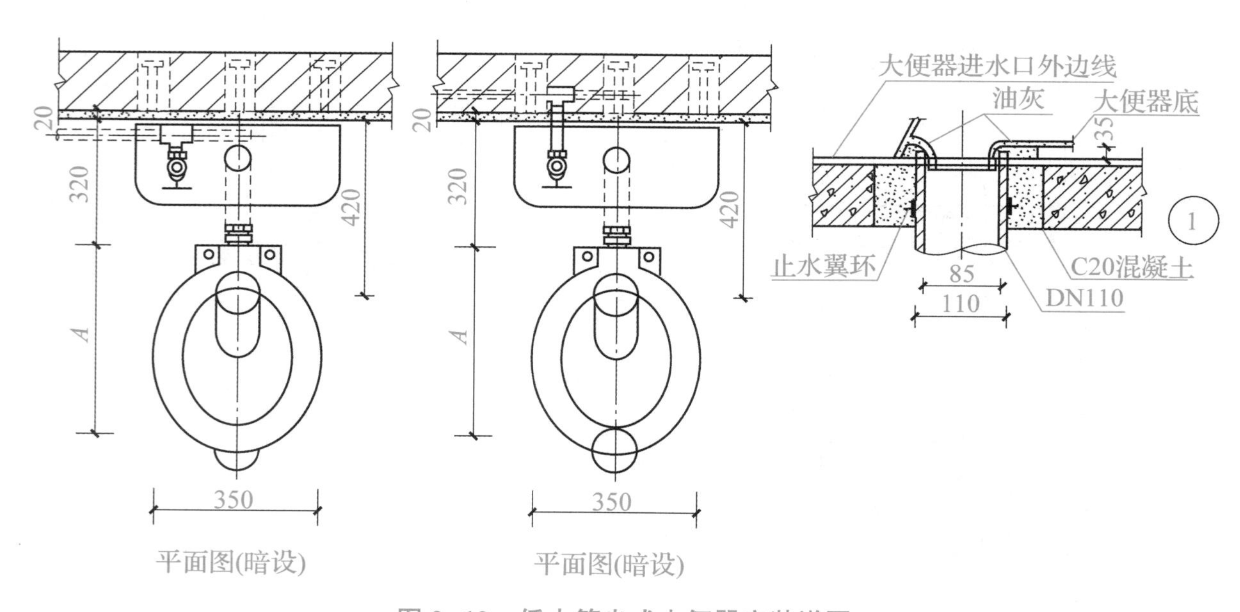

图 2-12 低水箱坐式大便器安装详图

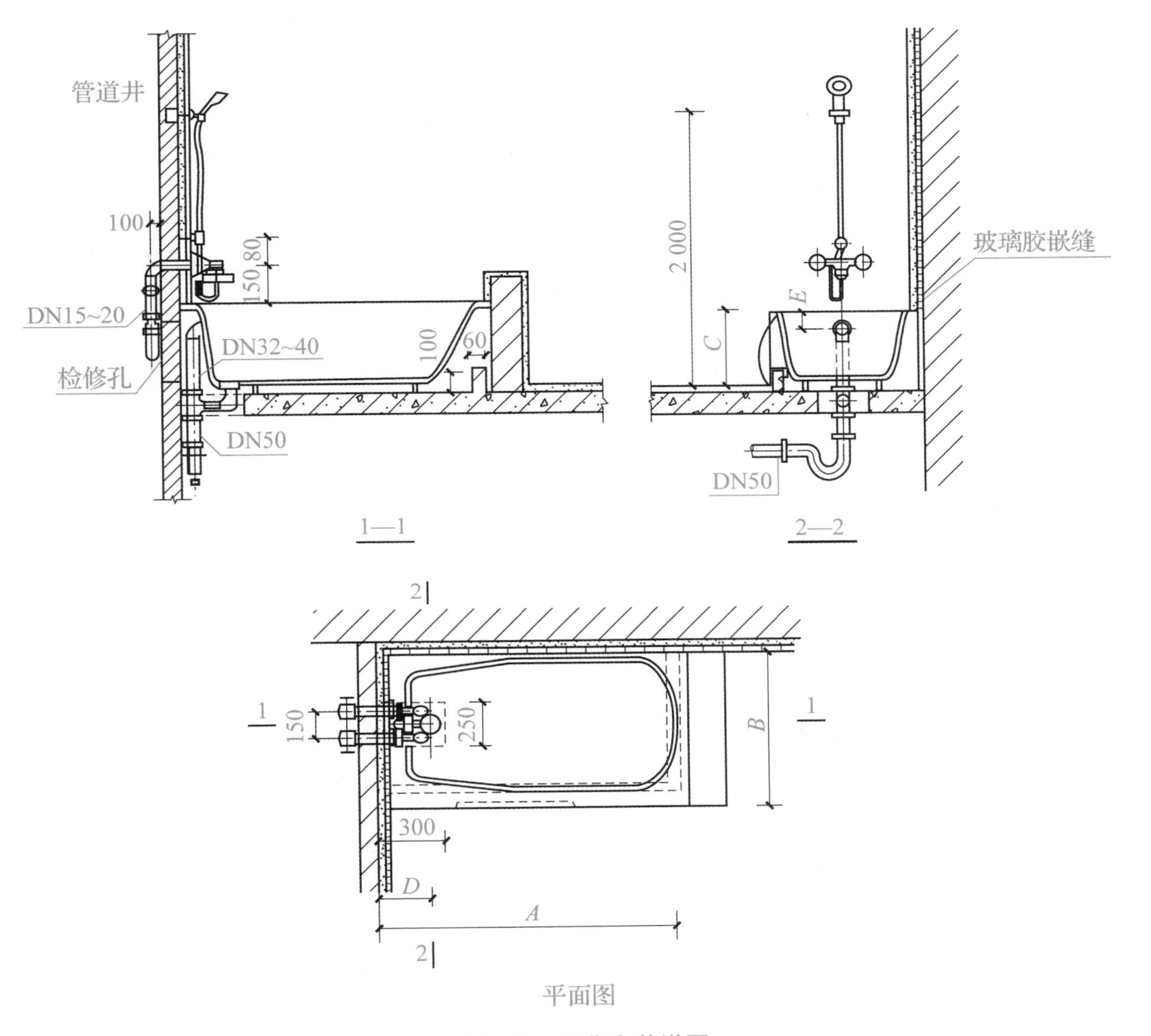

管道井
100
150
80
DN15~20
DN32~40
100
60
检修孔
DN50
1—1
2 000
玻璃胶嵌缝
E
C
DN50
2—2
2
1
150
250
B
1
300
D
A
2
平面图

图 2-13　浴盆安装详图

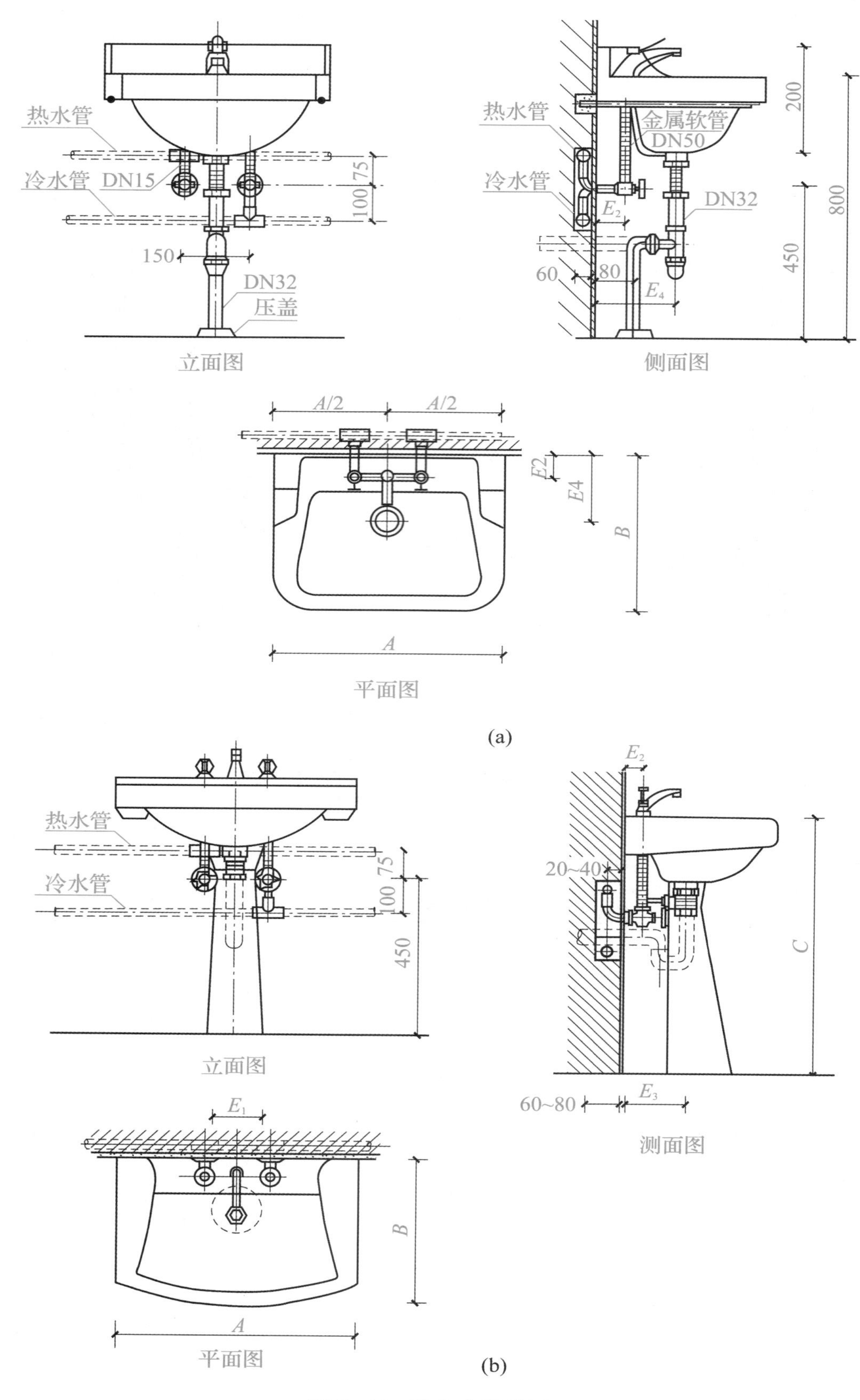

图 2-14 脸盆安装详图

(a) 普通式；(b) 立柱式

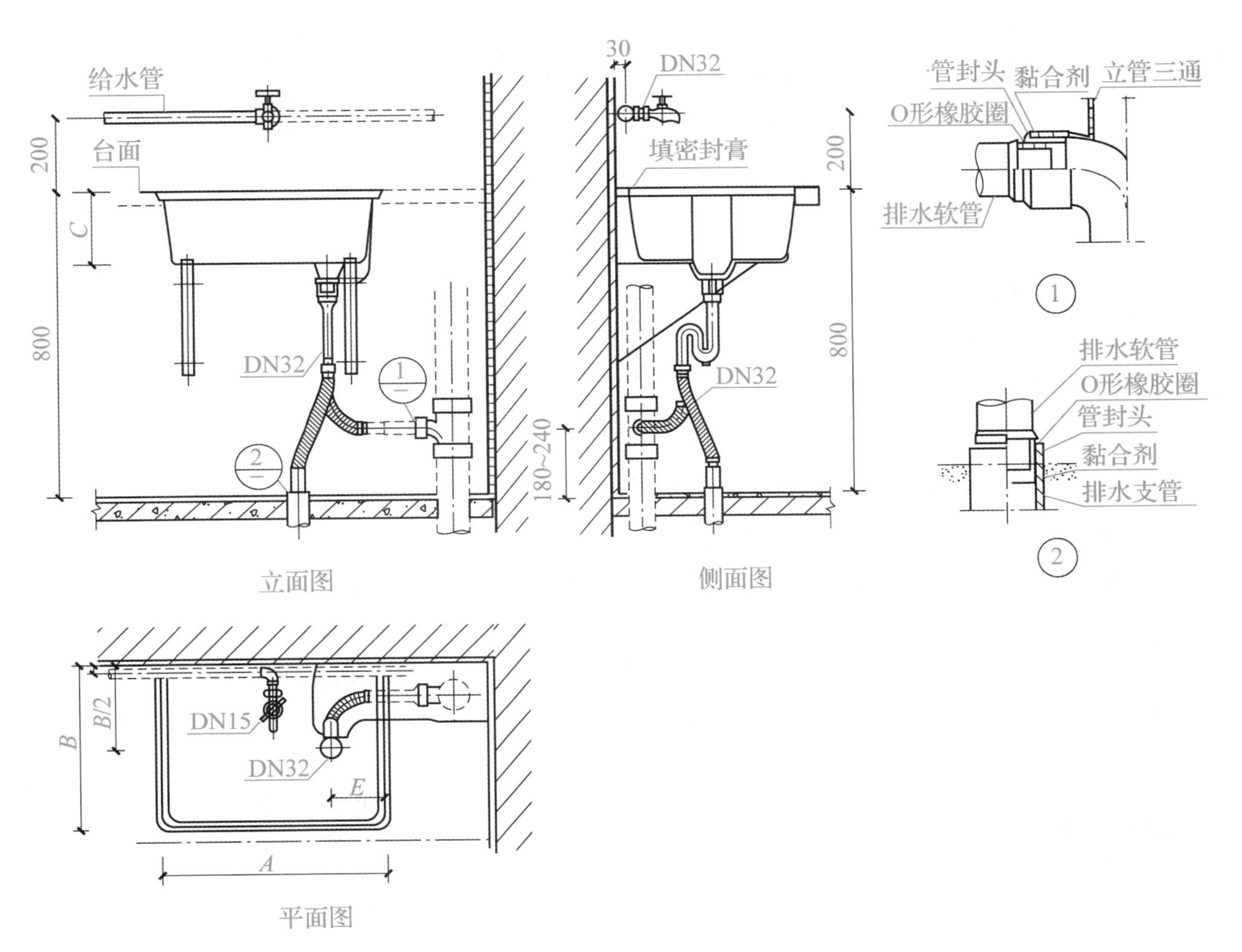
给水管
200
台面
C
800
DN32
1
2
立面图
30
DN32
填密封膏
200
800
DN32
180~240
侧面图
管封头
黏合剂
立管三通
O形橡胶圈
排水软管
1
排水软管
O形橡胶圈
管封头
黏合剂
排水支管
2
B
B/2
DN15
DN32
E
A
平面图

图 2-15　洗涤盆安装详图

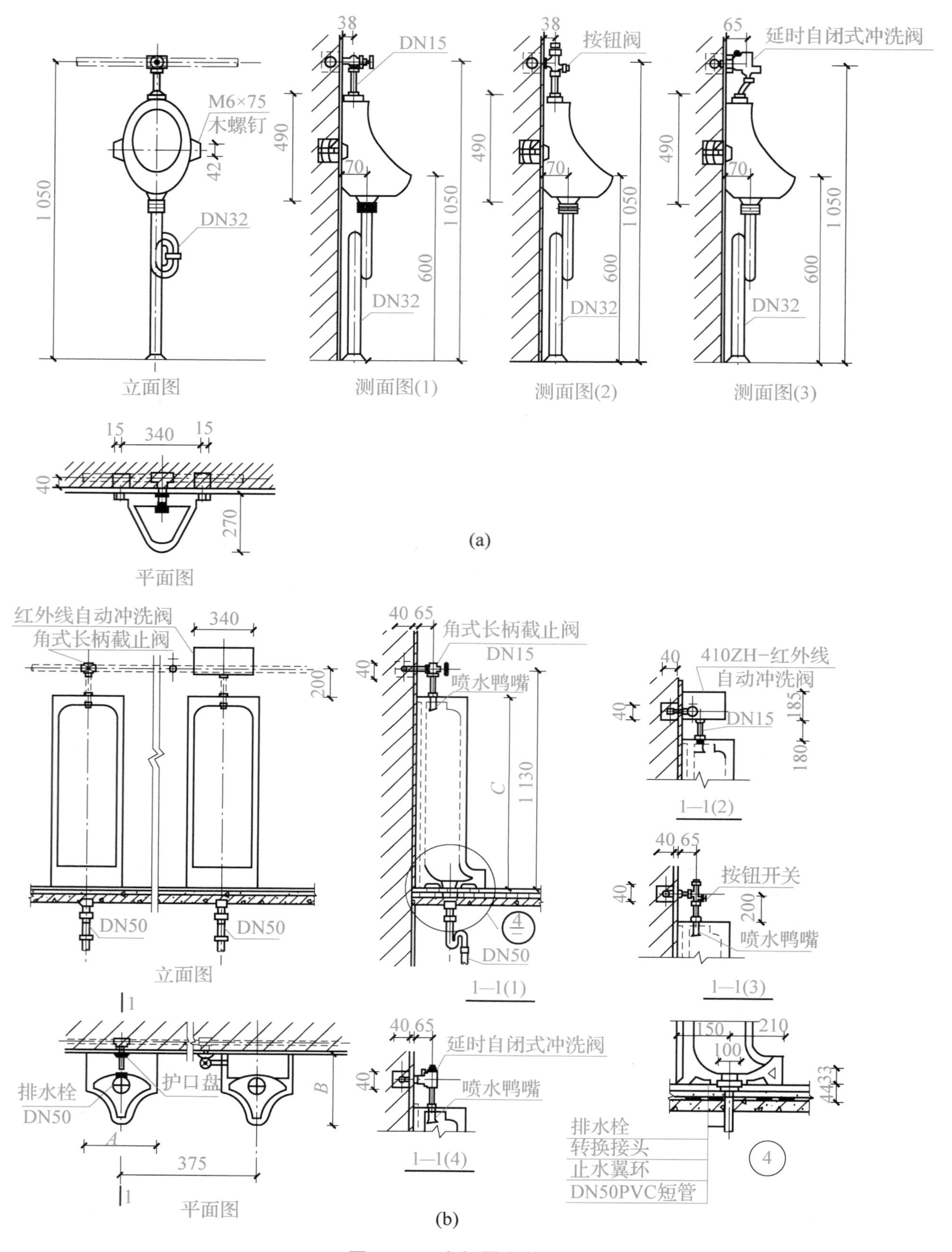

图 2-16　小便器安装详图

（a）斗式小便器；（b）立式小便器

表 2–10 常用卫生器具的安装高度 （单位：mm）

项次	卫生器具名称			卫生器具安装高度		备注
				居住和公共建筑	幼儿园	
1	污水盆（池）	架空式		800	800	—
		落地式		500	500	
2	洗涤盆（池）			800	800	自地面至器具上边缘
3	洗脸盆、洗手盆（有塞、无塞）			800	500	
4	盥洗槽			800	500	
5	浴盆			≤520		
6	蹲式大便器	高水箱		1800	1800	自台阶面至高水箱底
		低水箱		900	900	自台阶面至低水箱底
7	坐式大便器	高水箱		1800	1800	自地面至高水箱底
		低水箱	外露排水管式	510	—	自地面至低水箱底
			虹吸喷射式	470	370	
8	小便器	挂式		600	450	自地面至下边缘
9	小便槽			200	150	自地面至台阶面
10	大便槽冲洗水箱			≥2000	—	自台阶面至低水箱底
11	妇女卫生盆			360	—	自地面至器具上边缘
12	化验盆			800	—	自地面至器具上边缘

表 2–11 常用卫生器具给水配件的安装高度 （单位：mm）

项次	给水配件名称		配件中心距地面高度	冷热水龙头距离
1	架空式污水盆（池）水龙头		1000	—
2	落地式污水盆（池）水龙头		800	—
3	洗涤盆（池）水龙头		1000	150
4	住宅集中给水龙头		1000	—
5	洗手盆水龙头		1000	—
6	洗脸盆	水龙头（上配水）	1000	150
		水龙头（下配水）	800	150
		角阀（下配水）	450	—
7	盥洗槽	水龙头	1000	150
		冷热水管，其中热水龙头上下并行	1100	150

续表

项次	给水配件名称		配件中心距地面离度	冷热水龙头距离
8	浴盆	水龙头（上配水）	670	150
9	淋浴器	截止阀	1150	95
		混合阀	1150	—
		淋浴喷头下沿	2100	—
10	蹲式大便器（台阶面算起）	高水箱角阀及截止阀	2040	—
		低水箱角阀	250	—
		手动式自闭冲洗阀	600	—
		脚踏式自闭冲洗阀	150	—
		拉管式冲洗阀（从地面算起）	1600	—
		带防污助冲器阀门（从地面算起）	900	—
11	坐式大便器	高水箱角阀及截止阀	2040	—
		低水箱角阀	150	—
12	大便槽冲洗水箱截止阀（台阶面算起）		≥2400	—
13	立式小便器角阀		1130	—
14	挂式小便器角阀及截止阀		1050	—
15	小便槽多孔冲洗管		1100	—
16	实验室化验水龙头		1000	—
17	妇女卫生盆混合阀		360	—

器具固定多采用膨胀螺栓式或塑料胀塞的方法。图 2-17 为常用卫生器具的固定做法。在釉面砖上打孔时，应先将釉面用小錾子轻轻剔掉釉面几毫米后再适度施钻，便于定位和防止面砖打裂。

图 2-18 为有水封地漏的做法。地漏留洞尺寸为 DN+200 mm；应先装地漏，再做地面面层，地漏应比面层低 5~10 mm，地漏水封高度不小于 50 mm，图中 h_1 由产品规格决定。有些地漏设装饰箅子，则箅子高度应低于面层 5~10 mm。

小便槽冲洗管应采用镀锌钢管或硬质塑料管，冲洗孔应斜向墙面成 45°角；有饰面的浴盆，应留有通向浴盆排水口的检修门。

器具安装应考虑其可拆卸特点，设置必要的活节或长丝管箍，尽可能采用软管或锁母。在器具与金属面等硬表面接触处要衬以软质垫，镀面配件上紧时应在着力点包缠上衬布，不可留下管钳牙痕。瓷器紧固时要缓缓用力，防止损坏瓷器，安装过程中工具不可放在器具上。

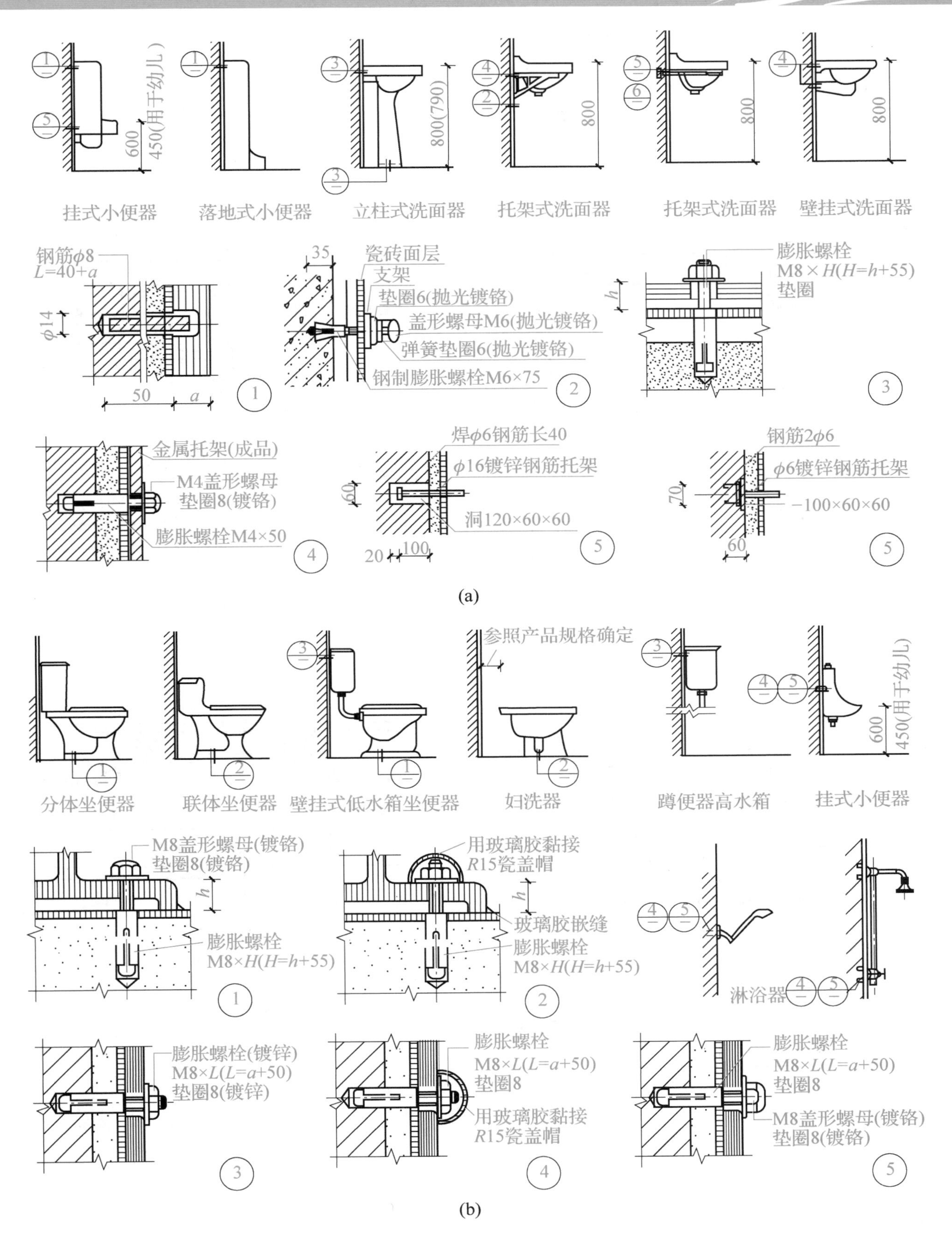

图 2-17　常用卫生器具的固定做法

(a) 挂式小便器、落地式小便器、洗面器；(b) 坐便器、妇洗器、蹲便器高水箱、挂式小便器

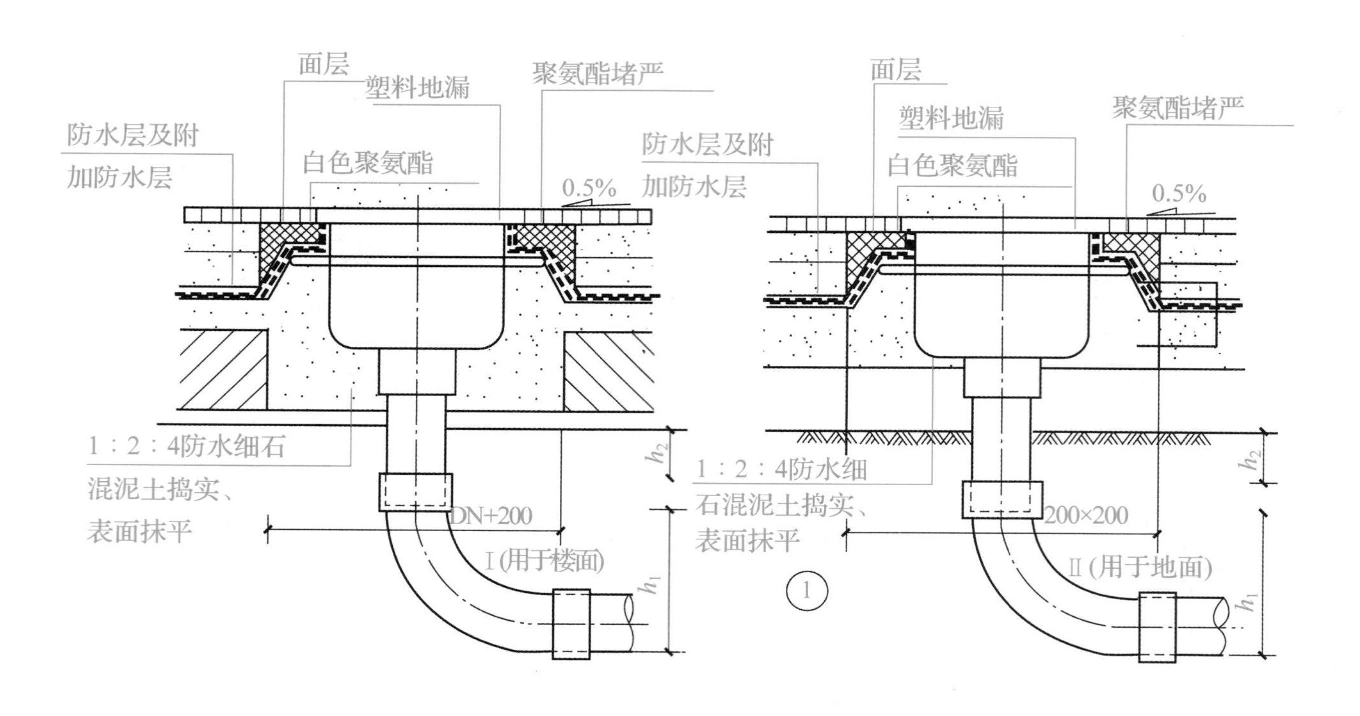

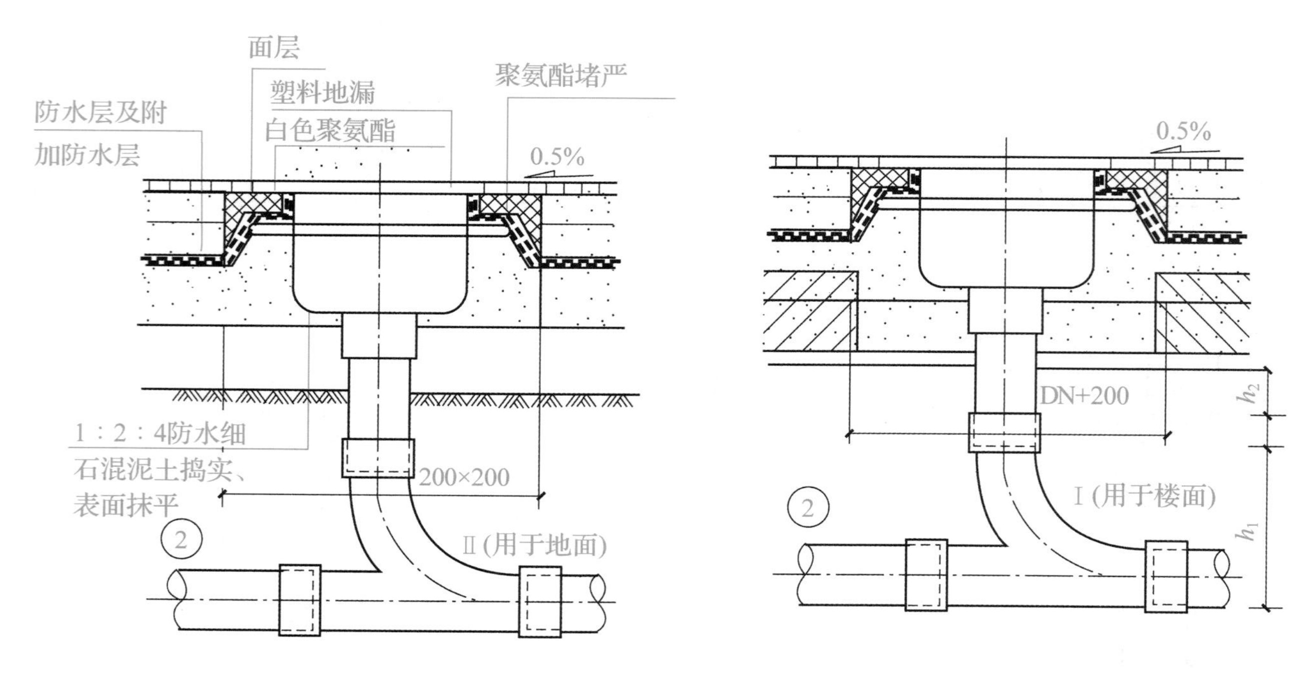

(a)

图 2-18　有水封地漏的做法

（a）塑料地漏（$h_2 \geqslant 80$ mm）；（b）铸铁地漏（$h_2 \geqslant 100$ mm）

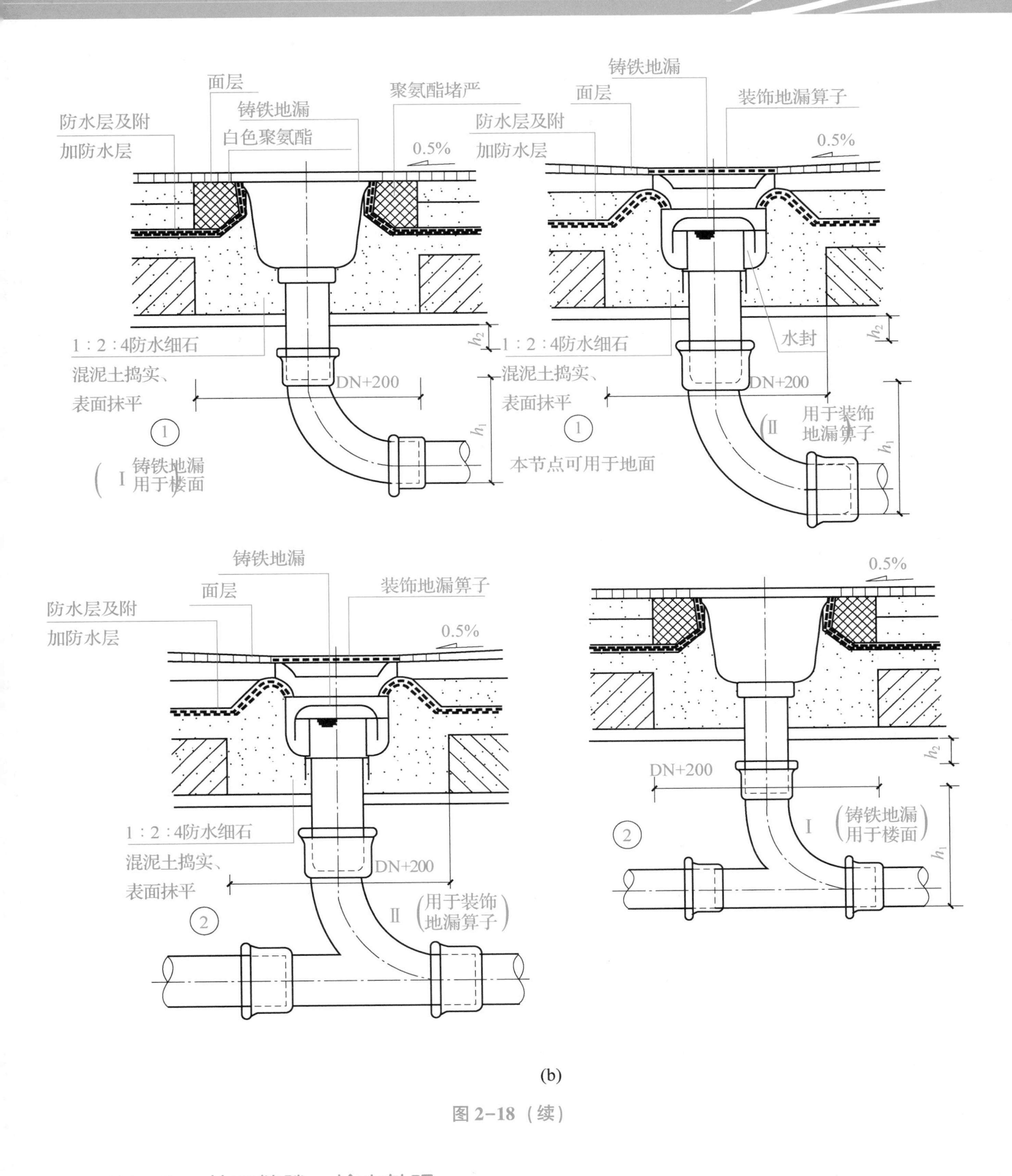

(b)

图 2-18（续）

第四步：处理缝隙、检查外观

卫生器具安装完毕后，应对器具与台面、器具与地面、器具与墙面之间的缝隙进行处理。

小便器与墙面、浴盆与墙面之间的缝隙可用白水泥浆补齐、抹光；脸盆、洗涤盆与台面之间、墙面之间的缝隙可用密封膏填抹；便器与地面之间的缝隙可用油膏或白水泥浆填抹。

卫生器具安装完毕后的检查主要有以下几个方面。

1）稳固性。卫生器具的支托架必须安装平整、牢固，与器具接触紧密、平稳；各卫生器具的受水口和立管应有妥善可靠的固定措施，排水栓和地漏应安装平整、牢固。

2）美观、正确性。卫生器具安装偏差要在前述允许范围内，并尽可能减少偏差。安装过程中定位、画线要准确，随时用水平尺、线坠进行检验。如偏差较大，应及时校正；护口盘下挤出的油灰，接口处外露的麻丝要清理干净。

3）严密性。器具与上下水管甩口的连接要严密不漏，器具支管穿越楼板处应有防渗漏措施，缝隙处要严密。

4）通水、满水试验。卫生器具承上启下，是给水系统与排水系统的衔接点，通水试验要求给排水畅通，满水后各连接件不渗漏，水位达到溢流位置时溢流孔畅通。

知识链接

1. 卫生器具安装质量控制及允许偏差

（1）主控项目

排水栓和地漏的安装应平正、牢固，低于排水表面，周边无渗漏。地漏水封高度不得小于 50 mm。

检验方法：试水观察检查。

（2）一般项目

1）卫生器具安装的允许偏差和检验方法见表 2-12。

表 2-12　卫生器具安装的允许偏差和检验方法　（单位：mm）

项次	项目		允许偏差	检验方法
1	坐标	单独器具	10	拉线、吊线和尺量检查
		成排器具	5	
2	标商	单独器具	±15	
		成排器具	±10	
3	器具水平度		2	用水平尺和尺量检查
4	器具垂直度		3	吊线和尺量检查

2）有饰面的浴盆，应留有通向浴盆排水口的检修门。

检验方法：观察检查。

3）小便槽冲洗管，应采用镀锌钢管或硬质塑料管。冲洗孔应斜向下方安装，冲洗水流同墙面成45°角。镀锌钢管钻孔后应进行二次镀锌。

检验方法：观察检查。

4）卫生器具的支、托架必须防腐良好，安装平整、牢固，与器具接触紧密、平稳。

检验方法：观察和手扳检查。

2. 卫生器具给水配件安装质量控制与允许偏差

（1）主控项目

卫生器具给水配件应完好无损伤，接口严密，启闭部分灵活。

检验方法：观察及手扳检查。

（2）一般项目

1）卫生器具给水配件安装标高的允许偏差和检验方法见表2-13。

表2-13　卫生器具给水配件安装标高的允许偏差和检验方法　（单位：mm）

项次	项目	允许偏差	检验方法
1	大便器高、低水箱角阀及截止阀	±10	尺量检查
2	水嘴	±10	
3	淋浴器喷头下沿	±15	
4	浴盆软管淋浴器挂钩	±20	

2）浴盆软管淋浴器挂钩的高度，如设计无要求，应距地面1.8 m。

检验方法：尺量检查。

3. 卫生器具排水管道安装质量控制与允许偏差

（1）主控项目

1）与排水横管连接的各卫生器具的受水口和立管均应采取妥善可靠的固定措施；管道与楼板的接合部位应采取牢固、可靠的防渗、防漏措施。

检验方法：观察和手扳检查。

2）连接卫生器具的排水管道接口应紧密不漏，其固定支架、管卡等支撑位置应正确、牢固，与管道的接触应平整。

检验方法：观察及通水检查。

（2）一般项目

1）卫生器具排水管道安装的允许偏差和检验方法见表2-14。

表 2-14　卫生器具排水管道安装的允许偏差及检验方法　　（单位：mm）

项次	检查项目		允许偏差	检验方法
1	横管弯曲度	每 1 m 长	2	用水平尺量检查
		横管长度≤10 m，全长	<8	
		横管长度>10 m，全长	10	
2	卫生器具的排水管口及横支管的纵横坐标	单独器具	10	用尺量检查
		成排器具	5	
3	卫生器具的接口标高	单独器具	±10	用水平尺和尺量检查
		成排器具	±5	

2）连接卫生器具的排水管管径和最小坡度，当设计无要求时，应符合表 2-15 的规定。

表 2-15　连接卫生器具的排水管管径和最小坡度

项次	卫生器具名称		排水管管径/mm	管道的最小坡度/‰
1	污水盆（池）		50	25
2	单、双格洗涤盆（池）		50	25
3	洗手盆、洗脸盆		32～50	20
4	浴盆		50	20
5	淋浴器		50	20
6	大便器	高、低水箱	100	12
		自闭式冲洗阀	100	12
		拉管式冲洗阀	100	12
7	小便器	手动、自闭式冲洗阀	40～50	20
		自动冲洗水箱	40～50	20
8	化验盆（无塞）		40～50	25
9	净身器		40～50	20
10	饮水器		20～50	10～20
11	家用洗衣机		50（软管为 30）	

检验方法：用水平尺和尺量检查。

项目小结

1）根据系统接纳的污废水类型，建筑排水系统可分为三大类：生活排水系统、工业废水排水系统和雨水排水系统。

2）一般建筑内部排水系统的组成：污废水受水器、排水管、通气管、清通设备、污水提升设备、局部处理构筑物。

3）建筑排水系统的常用管材：排水铸铁管、建筑排水用塑料管。

4）建筑排水系统常用管件、附件：铸铁管件、硬聚氯乙烯管件、存水弯。

5）卫生器具按使用功能，分为便溺用卫生器具、盥洗淋浴用卫生器具、洗涤用卫生器具和专用卫生器具。便溺用卫生器具包括大便器、大便槽、小便器和小便槽。盥洗淋浴用卫生器具包括洗脸盆、盥洗槽、淋浴器、浴盆、妇女卫生盆。洗涤用卫生器具主要包括洗涤盆、污水盆等。专用卫生器具主要有饮水器和地漏。

6）排水管道的布置与敷设要求要满足 3 个水力要素：管道充满度、流速和坡度。

7）建筑内部排水管道安装的一般流程为：安装准备—连接排水管道—安装排出管—安装底层排水横管及器具支管—安装排水立管—安装楼层排水横支管。

8）室外排水管道采用直埋式敷设，其安装的一般流程为：测量放线—开挖沟槽—沟基处理—下管—管道安装—灌水、通水试验—回填。

9）卫生器具安装的一般流程：安装准备—预组装卫生器具及配件—安装卫生器具—处理、缝隙、检查外观。

项目评价

一、自我评价

1）是否对排水系统有了基本认识？

2）是否能够依据施工图进行排水管道的布置与敷设？

3）是否能够依据施工图进行排水管道与设备的安装？

4）是否能够根据施工图进行卫生器具的安装？

二、学习任务评价表

学习任务评价表见表 2-16。

表 2-16 学习任务评价表

考核项目	分数			学生自评	组长评价	老师评价	小计
	差	中	好				
团队合作精神	3	6	10				
排水系统基本知识	3	6	10				
排水管道的布置与敷设	6	12	20				
建筑内部排水管道安装	6	12	20				
室外排水管道安装	6	12	20				
卫生器具安装	6	12	20				
总分	100						
教师签字：				年 月 日		得分	

复习思考题

1. 建筑排水系统常用管材有哪些？
2. 排水管道的布置与敷设有哪些注意事项？
3. 建筑内部排水管道安装的一般流程是什么？
4. 室外排水管道安装的一般流程是什么？
5. 卫生器具有哪几种？分别如何安装？

项目三

建筑给水排水工程质量验收

项目概述

建筑给水排水工程质量验收是检验给水排水质量必不可少的程序，是保证给水排水工程质量的一项重要措施，必须严格执行。本项目主要介绍建筑给水工程质量验收和建筑排水工程质量验收的内容、要求以及合格标准。

学习目标

1. 知识目标

1）了解建筑给水排水工程质量验收中的术语。

2）掌握建筑给水排水工程质量验收的划分、质量检测的内容、验收要求、验收程序和组织、合格标准。

2. 技能目标

1）能够进行给水排水工程的质量验收和资料整理。

2）能够填写检验批、分项工程、分部（或子分部）工程、单位（或子单位）工程质量验收表。

3. 思政目标

建筑给排水工程的验收符合《建筑工程施工质量验收统一标准》(GB 50300—2013）和《建筑给水排水及采暖工程施工质量验收规范》(GB 50242—2002）的规定，保证工程质量及人员安全。

思维导图

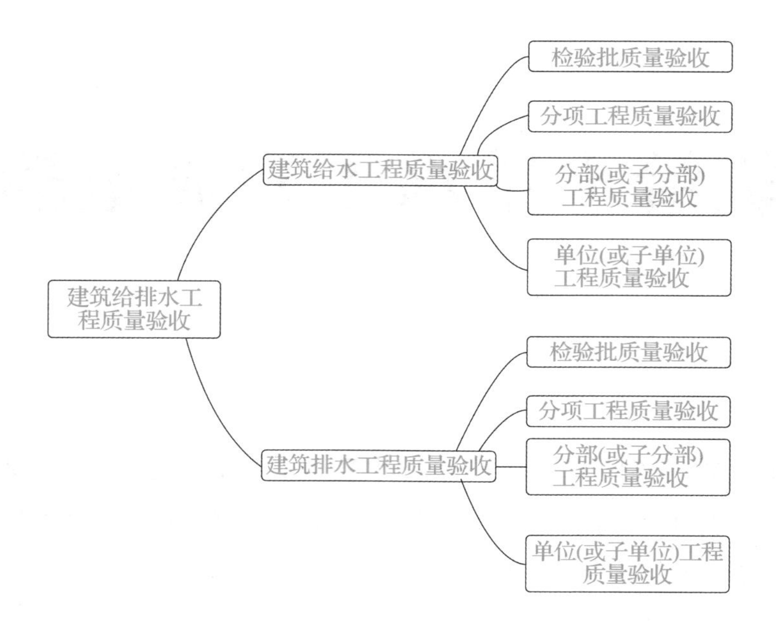

任务一　建筑给水工程质量验收

任务描述

建筑给水工程的验收应依据《建筑工程施工质量验收统一标准》(GB 50300—2013）和《建筑给水排水及采暖工程施工质量验收规范》(GB 50242—2002）进行。

任务实施

1. 建筑给水工程检测和检验的主要内容

1）给水管道系统、设备、阀门水压试验。

2）给水管道通水试验及冲洗、消毒检测。

3）消火栓系统测试。

4）溢流阀及报警联动系统动作测试。

2. 建筑给水工程施工质量验收要求

1）工程质量验收均应在施工单位自检合格的基础上进行。

2）参加工程施工质量验收的各方人员应具备相应的资格。

3）检验批的质量应按主控项目和一般项目验收。

4）对涉及结构安全、节能、环境保护和主要使用功能的试块、试件及材料，应在进场时或施工中按规定进行见证检验。

5）隐蔽工程在隐蔽前应由施工单位通知监理单位进行验收，并应形成验收文件，验收合格后方可继续施工。

6）对涉及结构安全、节能、环境保护和使用功能的重要分部工程，应在验收前按规定进行抽样检验。

7）工程的观感质量应由验收人员现场检查，并应共同确认。

3. 建筑给水工程质量验收程序和组织

建筑给水工程的验收按检验批、分项工程、分部（或子分部）工程进行，最后对单位（或子单位）工程进行验收。

检验批由监理工程师（建设单位项目专业技术负责人）组织施工单位项目质量（技术）负责人等进行验收。质量验收表（见附录 A）由施工单位项目专业质量检查员填写。

分项工程应由监理工程师组织施工单位项目专业技术负责人等进行验收，并按附录 B 填写。

分部（或子分部）工程应由总监理工程师组织施工单位项目负责人和项目技术负责人等进行验收，并按附录 C 填写。

建筑给水排水及采暖（分部）工程质量验收见附录 D。

勘察、设计单位项目负责人和施工单位技术、质量部门负责人应参加地基与基础分部工程的验收。

设计单位项目负责人和施工单位技术、质量部门负责人应参加主体结构、节能分部工程的验收。

单位（或子单位）工程中的分包工程完工后，分包单位应对所承包的工程项目进行自检，并应按《建筑工程施工质量验收统一标准》（GB 50300—2013）规定的程序进行验收。验收时，总包单位应派人参加。分包单位应将所分包工程的质量控制资料整理完整，并移交给总包单位。

单位工程完工后，施工单位应组织有关人员进行自检。总监理工程师应组织各专业监理工程师对工程质量进行竣工预验收。存在施工质量问题时，应由施工单位整改。整改完毕后，由施工单位向建设单位提交工程竣工报告，申请工程竣工验收。

建设单位收到工程竣工报告后，应由建设单位项目负责人组织监理、施工、设计、勘察等单位项目负责人进行单位工程验收。

4. 建筑给水工程质量验收合格标准

（1）检验批质量验收

1）主控项目的质量经抽样检验均应合格。

2）一般项目的质量经抽样检验合格。当采用计数抽样时，合格点率应符合有关专业验收规范的规定，且不得存在严重缺陷。对于计数抽样的一般项目，正常检验一次、二次抽样可按附录 E 判定。

3）具有完整的施工操作依据、质量验收记录（见附录 F）。

（2）分项工程质量验收

1）所含检验批的质量均应验收合格；

2）所含检验批的质量验收记录应完整。

分项工程质量验收记录见附录 G。

（3）分部（或子分部）工程质量验收

1）所含分项工程的质量均应验收合格。

2）质量控制资料应完整。建筑给水工程的质量控制资料如下：

①图纸会审、设计变更、洽商记录（见附录 H~J）。

②材料、配件出厂合格证书、汇总表及进场检（试）验报告（见附录 K 和附录 L）。

③管道、设备、阀门强度及严密性试验记录（见附录 M 和附录 N）。

④设备隐蔽工程验收记录（见附录 O）。

⑤系统清洗试验记录（见附录 P）。

⑥设备专业施工日志（见附录 Q）。

3）有关安全、节能、环境保护和主要使用功能的抽样检验结果应符合相应规定。给水工程安全及功能检验资料如下：

①给水管道通水试验记录（见附录 R）。

②消防管道压力试验记录（见附录 S）。

4）观感质量应符合要求。

分部（或子分部）工程质量验收记录（见附录 T）。

（4）单位工程质量验收

1）所含分部工程的质量均应验收合格。

2）质量控制资料应完整。

3）所含分部工程中有关安全、节能、环境保护和主要使用功能的检验资料应完整。

4）主要使用功能的抽查结果应符合相关专业验收规范的规定。

5）观感质量应符合要求。

单位工程质量竣工验收记录、质量控制资料核查记录、安全和功能检验资料核查及主要功能抽查记录、观感质量检查记录应按附录 U 填写。

知识链接

1. 术语解释

（1）检验

检验是对被检验项目的特征、性能进行量测、检查、试验等，并将结果与标准规定的要求进行比较，以确定项目每项性能是否合格的活动。

（2）进场检验

进场检验是对进入施工现场的建筑材料、构配件、设备及器具，按相关标准的要求进行检验，并对其质量、规格及型号等是否符合要求做出确认的活动。

（3）见证检验

见证检验是施工单位在工程监理单位或建设单位的见证下，按照有关规定从施工现场随机抽取试样，送至具备相应资质的检测机构进行检验的活动。

（4）复验

复验是建筑材料、设备等进入施工现场后，在外观质量检查和质量证明文件核查符合要求的基础上，按照有关规定从施工现场抽取试样送至试验室进行检验的活动。

（5）检验批

检验批是指按相同的生产条件或按规定的方式汇总起来供抽样检验用的，由一定数量样本组成的检验体。

（6）验收

验收即建筑工程质量在施工单位自行检查合格的基础上，由工程质量验收责任方组织，工程建设相关单位参加，对检验批、分项、分部、单位工程及其隐蔽工程的质量进行抽样检验，对技术文件进行审核，并根据设计文件和相关标准以书面形式对工程质量是否达到合格做出确认。

（7）主控项目

主控项目即建筑工程中对安全、节能、环境保护和主要使用功能起决定性作用的检验项目。

（8）一般项目

一般项目即除主控项目以外的检验项目。

（9）抽样方案

抽样方案是根据检验项目的特性所确定的抽样数量和方法。

（10）计数检验

计数检验是通过确定抽样样本中不合格的个体数量，对样本总体质量做出判定的检验方法。

（11）计量检验

计量检验是以抽样样本的检测数据计算总体均值、特征值或推定值，并以此判断或评估总体质量的检验方法。

2. 建筑给水工程质量验收的划分

建筑工程施工质量验收应划分为单位工程、分部工程、分项工程和检验批。建筑给水工程的分部（子分部）和分项工程的划分见表 3-1。

表 3-1　建筑给水工程分部（子分部）和分项工程的划分

分部工程	序号	子分部工程	分项工程
建筑给水工程	1	室内给水系统	给水管道及配件安装、室内消火栓系统安装、给水设备安装、管道防腐、绝热
建筑给水工程	2	室内热水供应系统	管道及配件安装、辅助设备安装、防腐、绝热
	3	室外给水管网	给水管道安装、消防水泵接合器及室外消火栓安装、管沟及井室
	4	建筑中水系统及游泳池系统	建筑中水系统管道及辅助设备安装、游泳池系统安装

分项工程可由一个或若干个检验批组成，建筑给水系统检验批可按系统数量、建筑单元、楼层或施工段划分。

任务二　建筑排水工程质量验收

任务描述

建筑排水工程的验收依据、验收要求、验收文件和记录中的主要内容，检验批的划分、验收程序和组织质量验收的注意事项均与建筑给水工程相同。下面仅就不同之处进行介绍。

任务实施

1. 建筑排水工程质量检验的主要内容

1）排水管道的灌水、通球和通水试验。

2）雨水管道灌水及通水试验。

3）卫生器具通水试验，具有溢流功能的器具满水试验。

4）地漏及地面清扫口排水试验。

2. 子分部工程质量验收

（1）质量控制资料

建筑排水工程的质量控制资料如下：

①图纸会审、设计变更、洽商记录（见附录 H~J）。

②材料、配件出厂合格证书、汇总表及进场检（试）验报告（见附录 K 和附录 L）。

③设备隐蔽工程验收记录（见附录 O）。

⑤灌水试验、排水管道通水试验、排水管道通球试验记录（见附录 V~X）。

⑥设备专业施工日志（见附录 Q）。

（2）建筑排水工程安全及功能检验

建筑排水工程安全及功能检验资料如下：

①卫生器具满水试验记录（见附录 Y）。

②排水干管通球试验记录（见附录 Z）。

（3）建筑排水工程观感验收项目

建筑排水工程观感验收项目有管道接口、坡度、支架；管道套管、卫生器具、支架、阀门；检查口、清扫口、地漏；管道防腐等。

知识链接

建筑排水工程分部、子分部及分项工程的划分见表 3-2。

表 3-2 建筑排水工程分部、子分部及分项工程的划分

分部工程	序号	子分部工程	分项工程
建筑排水工程	1	室内排水系统	排水管道及配件安装、雨水管道及配件安装
	2	卫生器具安装	卫生器具安装、卫生器具给水配件安装、卫生器具排水管道安装
	3	室外排水管网	排水管道安装、排水管沟与井池施工

项目小结

1）建筑给水工程检测和检验的主要内容：给水管道系统、设备、阀门水压试验；给水管道通水试验及冲洗、消毒检测；消火栓系统测试；溢流阀及报警联动系统动作测试。

2）建筑给水工程的验收按检验批、分项工程、分部（或子分部）工程进行，最后对单位（或子单位）工程进行验收。

3）建筑工程施工质量验收应划分为单位工程、分部工程、分项工程和检验批。分项工程可由一个或若干个检验批组成，建筑给水系统检验批可按系统数量、建筑单元、楼层或施工段划分。

4）建筑排水工程的验收依据、验收要求、验收文件和记录中的主要内容，检验批的划分、验收程序和组织质量验收的注意事项均与建筑给水工程相同。

5）建筑排水工程质量检验的主要内容：排水管道的灌水、通球和通水试验；雨水管道灌水及通水试验；卫生器具通水试验，具有溢流功能的器具满水试验；地漏及地面清扫口排水试验。

项目评价

一、自我评价

1）是否了解建筑给排水工程质量验收中的术语？

2）是否掌握建筑给排水工程质量验收的划分、质量检测的内容、验收要求、验收程序和组织、合格标准？

3）是否能够进行给排水工程的质量验收和资料整理？

4）是否能够填写检验批、分项工程、分部（或子分部）工程、单位（或子单位）工程质量验收表？

二、学习任务评价表

学习任务评价表见表 3-3。

表 3–3　学习任务评价表

考核项目	分数			学生自评	组长评价	老师评价	小计
	差	中	好				
团队合作精神	2	4	7				
给排水工程质量验收术语	2	4	7				
建筑给水工程质量验收的划分	2	4	7				
建筑给水工程检测和检验的主要内容	4	7	12				
建筑给水工程施工质量验收要求	4	7	12				
建筑给水工程质量验收程序和组织	4	7	12				
建筑给水工程质量验收合格标准	4	7	12				
建筑排水工程质量验收的划分	2	4	7				
建筑排水工程质量检验的主要内容	4	7	12				
建筑排水子分部工程质量验收	4	7	12				
总分	100						
教师签字：				年　月　日		得分	

复习思考题

1. 建筑给水工程的分部工程、分项工程和检验批是如何划分的？

2. 建筑给水（排水）工程质量验收的程序是什么？如何组织验收？

3. 建筑排水工程子分部工程质量验收的质量控制资料有哪些？安全及功能检验资料有哪些？观感验收项目有哪些？

附　　录

附录 A　检验批质量验收

附表 A　检验批质量验收表

<table>
<tr><td colspan="2">工程名称</td><td></td><td>专业工长/证号</td><td></td></tr>
<tr><td colspan="2">分部工程名称</td><td></td><td>施工班、组长</td><td></td></tr>
<tr><td colspan="2">分项工程施工单位</td><td></td><td>验收部位</td><td></td></tr>
<tr><td rowspan="3">施工依据</td><td>标准名称</td><td></td><td>材料/数量</td><td>—</td></tr>
<tr><td>编号</td><td></td><td>设备/台数</td><td>—</td></tr>
<tr><td>存放处</td><td></td><td>连接形式</td><td></td></tr>
<tr><td rowspan="4">主控项目</td><td>《规范》章、节、条、款号</td><td>质量规定</td><td>施工单位检查评定结果</td><td>监理（建设）单位验收</td></tr>
<tr><td></td><td></td><td></td><td></td></tr>
<tr><td></td><td></td><td></td><td></td></tr>
<tr><td></td><td></td><td></td><td></td></tr>
<tr><td rowspan="4">一般项目</td><td></td><td></td><td></td><td></td></tr>
<tr><td></td><td></td><td></td><td></td></tr>
<tr><td></td><td></td><td></td><td></td></tr>
<tr><td></td><td></td><td></td><td></td></tr>
<tr><td colspan="2">施工单位检查评定结果</td><td colspan="3">项目专业质量检查员：　　项目专业质量（技术）负责人：
年　月　日</td></tr>
<tr><td colspan="2">监理（建设）单位验收结论</td><td colspan="3">监理工程师：
（建设单位项目专业技术负责人）　　年　月　日</td></tr>
</table>

附录 B　分项工程质量验收

附表 B　分项工程质量验收表

<table>
<tr><td colspan="2">工程名称</td><td></td><td>项目技术负责人/证号</td><td colspan="2">—</td></tr>
<tr><td colspan="2">子分部工程名称</td><td></td><td>项目质检员/证号</td><td colspan="2">—</td></tr>
<tr><td colspan="2">分项工程名称</td><td></td><td>专业工长/证号</td><td colspan="2">—</td></tr>
<tr><td colspan="2">分项工程施工单位</td><td></td><td>检验批数量</td><td colspan="2"></td></tr>
<tr><td>序号</td><td>检验批部位</td><td colspan="2">施工单位检查评定结果</td><td colspan="2">监理（建设）单位验收结论</td></tr>
<tr><td>1</td><td></td><td colspan="2"></td><td colspan="2"></td></tr>
<tr><td>2</td><td></td><td colspan="2"></td><td colspan="2"></td></tr>
<tr><td>3</td><td></td><td colspan="2"></td><td colspan="2"></td></tr>
<tr><td>4</td><td></td><td colspan="2"></td><td colspan="2"></td></tr>
<tr><td>5</td><td></td><td colspan="2"></td><td colspan="2"></td></tr>
<tr><td>6</td><td></td><td colspan="2"></td><td colspan="2"></td></tr>
<tr><td>7</td><td></td><td colspan="2"></td><td colspan="2"></td></tr>
<tr><td>8</td><td></td><td colspan="2"></td><td colspan="2"></td></tr>
<tr><td>9</td><td></td><td colspan="2"></td><td colspan="2"></td></tr>
<tr><td>10</td><td></td><td colspan="2"></td><td colspan="2"></td></tr>
<tr><td>检查结论</td><td colspan="2">项目专业质量（技术）负责人：

年　月　日</td><td>验收结论</td><td colspan="2">监理工程师：
（建设单位项目专业技术负责人）

年　月　日</td></tr>
</table>

附录C （子）分部工程质量验收

附表C （子）分部工程质量验收表

<table>
<tr><td colspan="2">工程名称</td><td></td><td>项目技术负责人/证号</td><td>—</td></tr>
<tr><td colspan="2">子分部工程名称</td><td></td><td>项目质检员/证号</td><td>—</td></tr>
<tr><td colspan="2">子分部工程施工单位</td><td></td><td>专业工长/证号</td><td>—</td></tr>
<tr><td>序号</td><td>分项工程名称</td><td>检验批数量</td><td>施工单位检查结果</td><td>监理（建设）单位验收结论</td></tr>
<tr><td>1</td><td></td><td></td><td></td><td></td></tr>
<tr><td>2</td><td></td><td></td><td></td><td></td></tr>
<tr><td>3</td><td></td><td></td><td></td><td></td></tr>
<tr><td>4</td><td></td><td></td><td></td><td></td></tr>
<tr><td>5</td><td></td><td></td><td></td><td></td></tr>
<tr><td>6</td><td></td><td></td><td></td><td></td></tr>
<tr><td></td><td></td><td></td><td></td><td></td></tr>
<tr><td colspan="2">质量管理</td><td></td><td></td><td></td></tr>
<tr><td colspan="2">使用功能</td><td></td><td></td><td></td></tr>
<tr><td colspan="2">观感质量</td><td></td><td></td><td></td></tr>
<tr><td rowspan="4">验收意见</td><td>专业施工单位</td><td colspan="3">项目专业负责人： 年 月 日</td></tr>
<tr><td>施工单位</td><td colspan="3">项目负责人： 年 月 日</td></tr>
<tr><td>设计单位</td><td colspan="3">项目负责人： 年 月 日</td></tr>
<tr><td>监理（建设）单位</td><td colspan="3">监理工程师：
（建设单位项目专业负责人） 年 月 日</td></tr>
</table>

附录 D 建筑给水排水及采暖（分部）工程质量验收

附表 D 由施工单位填写，验收结论由监理（建设）单位填写。综合验收结论由参加验收各方共同商定，建设单位填写，填写内容应对工程质量是否符合设计和规范要求及总体质量做出评价。

附表 D 建筑给水排水及采暖（分部）工程质量验收

<table>
<tr><td colspan="2">工程名称</td><td colspan="3"></td><td colspan="2">层数/建筑面积</td><td>—</td></tr>
<tr><td colspan="2">施工单位</td><td colspan="3"></td><td colspan="2">开工/竣工日期</td><td>—</td></tr>
<tr><td colspan="2">项目经理/证号</td><td>—</td><td>专业技术
负责人/证号</td><td>—</td><td colspan="2">项目专业技术
负责人/证号</td><td>—</td></tr>
<tr><td>序号</td><td>项目</td><td colspan="4">验收内容</td><td colspan="2">验收结论</td></tr>
<tr><td>1</td><td>子分部工程质量验收</td><td colspan="4">共____子分部，经查____子分部；
符合规范及设计要求____子分部</td><td colspan="2"></td></tr>
<tr><td>2</td><td>质量管理资料核查</td><td colspan="4">共____项，经审查符合要求____项；
经核定符合规范要求____项</td><td colspan="2"></td></tr>
<tr><td>3</td><td>安全、卫生和主要
使用功能核查抽查结果</td><td colspan="4">共抽查____项，符合要求____项；
经返工处理符合要求____项</td><td colspan="2"></td></tr>
<tr><td>4</td><td>观感质量验收</td><td colspan="4">共抽查____项，符合要求____项；
不符合要求____项</td><td colspan="2"></td></tr>
<tr><td>5</td><td>综合验收结论</td><td colspan="6"></td></tr>
<tr><td rowspan="2">参加验收单位</td><td>施工单位</td><td colspan="2">设计单位</td><td colspan="2">监理单位</td><td colspan="2">建设单位</td></tr>
<tr><td>（公章）

单位（项目）
负责人：

年 月 日</td><td colspan="2">（公章）

单位（项目）
负责人：

年 月 日</td><td colspan="2">（公章）

总监理
工程师：

年 月 日</td><td colspan="2">（公章）

单位（项目）
负责人：

年 月 日</td></tr>
</table>

附录 E　一般项目正常检验一次、二次抽样判定

1）对于计数抽样的一般项目，正常检验一次抽样可按附表 E-1 判定，正常检验二次抽样可按附表 E-2 判定。抽样方案应在抽样前确定。

2）样本容量在附表 E-1 或附表 E-2 给出的数值之间时，合格判定数可通过插值并四舍五入取整确定。

附表 E-1　一般项目正常检验一次抽样判定

样本容量	合格判定数	不合格判定数	样本容量	合格判定数	不合格判定数
5	1	2	32	7	8
8	2	3	50	10	11
13	3	4	80	14	15
20	5	6	125	21	22

附表 E-2　一般项目正常检验二次抽样判定

抽样次数	样本容量	合格判定数	不合格判定数	抽样次数	样本容量	合格判定数	不合格判定数
（1）	3	0	2	（1）	20	3	6
（2）	6	1	2	（2）	40	9	10
（1）	5	0	3	（1）	32	5	9
（2）	10	3	4	（2）	64	12	13
（1）	8	1	3	（1）	50	7	11
（2）	16	4	5	（2）	100	18	19
（1）	13	2	5	（1）	80	11	16
（2）	26	6	7	（2）	160	26	27

注：（1）和（2）表示抽样次数，（2）对应的样本容量为二次抽样的累计数量。

附录 F　检验批质量验收记录

附表 F　检验批质量验收记录表

<table>
<tr><td colspan="3">单位（子单位）
工程名称</td><td></td><td>分部（子分部）
工程名称</td><td></td><td>分项工程
名称</td><td></td></tr>
<tr><td colspan="3">施工单位</td><td></td><td>项目负责人</td><td></td><td>检验批容量</td><td></td></tr>
<tr><td colspan="3">分包单位</td><td></td><td>分包单位项目
负责人</td><td></td><td>检验批部位</td><td></td></tr>
<tr><td colspan="3">施工依据</td><td colspan="2"></td><td>验收依据</td><td colspan="2"></td></tr>
<tr><td rowspan="11">主控项目</td><td colspan="2">验收项目</td><td>设计要求及
规范规定</td><td>最小/实际
抽样数量</td><td colspan="2">检查记录</td><td>检查
结果</td></tr>
<tr><td>1</td><td></td><td></td><td></td><td colspan="2"></td><td></td></tr>
<tr><td>2</td><td></td><td></td><td></td><td colspan="2"></td><td></td></tr>
<tr><td>3</td><td></td><td></td><td></td><td colspan="2"></td><td></td></tr>
<tr><td>4</td><td></td><td></td><td></td><td colspan="2"></td><td></td></tr>
<tr><td>5</td><td></td><td></td><td></td><td colspan="2"></td><td></td></tr>
<tr><td>6</td><td></td><td></td><td></td><td colspan="2"></td><td></td></tr>
<tr><td>7</td><td></td><td></td><td></td><td colspan="2"></td><td></td></tr>
<tr><td>8</td><td></td><td></td><td></td><td colspan="2"></td><td></td></tr>
<tr><td>9</td><td></td><td></td><td></td><td colspan="2"></td><td></td></tr>
<tr><td>10</td><td></td><td></td><td></td><td colspan="2"></td><td></td></tr>
<tr><td rowspan="5">一般项目</td><td>1</td><td></td><td></td><td></td><td colspan="2"></td><td></td></tr>
<tr><td>2</td><td></td><td></td><td></td><td colspan="2"></td><td></td></tr>
<tr><td>3</td><td></td><td></td><td></td><td colspan="2"></td><td></td></tr>
<tr><td>4</td><td></td><td></td><td></td><td colspan="2"></td><td></td></tr>
<tr><td>5</td><td></td><td></td><td></td><td colspan="2"></td><td></td></tr>
<tr><td colspan="3">施工单位
检查结果</td><td colspan="5">专业工长：
项目专业质量检查员：
年　月　日</td></tr>
<tr><td colspan="3">监理单位
验收结论</td><td colspan="5">专业监理工程师：
年　月　日</td></tr>
</table>

附录G　分项工程质量验收记录

附表G　分项工程质量验收记录表

<table>
<tr><td colspan="2">单位（子单位）
工程名称</td><td colspan="2"></td><td>分部（子分部）
工程名称</td><td colspan="3"></td></tr>
<tr><td colspan="2">分项工程数量</td><td colspan="2"></td><td>检验批数量</td><td colspan="3"></td></tr>
<tr><td colspan="2">施工单位</td><td colspan="2"></td><td>项目负责人</td><td></td><td>项目技术负责人</td><td></td></tr>
<tr><td colspan="2">分包单位</td><td colspan="2"></td><td>分包单位
项目负责人</td><td></td><td>分包内容</td><td></td></tr>
<tr><td>序号</td><td>检验批名称</td><td>检验批容量</td><td>部位/区段</td><td colspan="2">施工单位检查结果</td><td colspan="2">监理单位验收结论</td></tr>
<tr><td>1</td><td></td><td></td><td></td><td colspan="2"></td><td colspan="2"></td></tr>
<tr><td>2</td><td></td><td></td><td></td><td colspan="2"></td><td colspan="2"></td></tr>
<tr><td>3</td><td></td><td></td><td></td><td colspan="2"></td><td colspan="2"></td></tr>
<tr><td>4</td><td></td><td></td><td></td><td colspan="2"></td><td colspan="2"></td></tr>
<tr><td>5</td><td></td><td></td><td></td><td colspan="2"></td><td colspan="2"></td></tr>
<tr><td>6</td><td></td><td></td><td></td><td colspan="2"></td><td colspan="2"></td></tr>
<tr><td>7</td><td></td><td></td><td></td><td colspan="2"></td><td colspan="2"></td></tr>
<tr><td>8</td><td></td><td></td><td></td><td colspan="2"></td><td colspan="2"></td></tr>
<tr><td>9</td><td></td><td></td><td></td><td colspan="2"></td><td colspan="2"></td></tr>
<tr><td>10</td><td></td><td></td><td></td><td colspan="2"></td><td colspan="2"></td></tr>
<tr><td>11</td><td></td><td></td><td></td><td colspan="2"></td><td colspan="2"></td></tr>
<tr><td>12</td><td></td><td></td><td></td><td colspan="2"></td><td colspan="2"></td></tr>
<tr><td>13</td><td></td><td></td><td></td><td colspan="2"></td><td colspan="2"></td></tr>
<tr><td>14</td><td></td><td></td><td></td><td colspan="2"></td><td colspan="2"></td></tr>
<tr><td>15</td><td></td><td></td><td></td><td colspan="2"></td><td colspan="2"></td></tr>
<tr><td colspan="8">说明：</td></tr>
<tr><td colspan="3">施工单位
检查结果</td><td colspan="5">项目专业技术负责人：
年　月　日</td></tr>
<tr><td colspan="3">监理单位
验收结论</td><td colspan="5">专业监理工程师：
年　月　日</td></tr>
</table>

附录 H　图纸会审记录

附表 H　图纸会审记录表

<table>
<tr><td colspan="2">工程名称</td><td colspan="2"></td><td colspan="2">年　月　日</td></tr>
<tr><td rowspan="4">参加人员会签栏</td><td>建设单位</td><td colspan="4"></td></tr>
<tr><td>设计单位</td><td colspan="4"></td></tr>
<tr><td>施工单位</td><td colspan="4"></td></tr>
<tr><td>监理单位</td><td colspan="4"></td></tr>
<tr><td colspan="6">会审内容：</td></tr>
<tr><td colspan="2">建设单位盖章：

年　月　日</td><td>设计单位盖章：

年　月　日</td><td>监理单位盖章：

年　月　日</td><td colspan="2">施工单位盖章：

年　月　日</td></tr>
</table>

附录I　设计变更

附表I　设计变更表

<table>
<tr><td colspan="2">工程名称</td><td></td><td>图号</td><td></td></tr>
<tr><td colspan="2">变更部位</td><td colspan="3"></td></tr>
<tr><td>变更主要原因</td><td colspan="4"></td></tr>
<tr><td>变更内容</td><td colspan="4">设计单位（盖章）
项目负责人：　　　　年　月　日</td></tr>
<tr><td colspan="2">建设单位盖章：

项目负责人：

年　月　日</td><td colspan="2">监理单位盖章：

总监理工程师：

年　月　日</td><td>施工单位盖章：

项目经理：

年　月　日</td></tr>
</table>

附录J　洽商记录

附表J　洽商记录表

<table>
<tr><td colspan="2">工程名称</td><td></td><td>洽商时间</td><td></td></tr>
<tr><td rowspan="4">参加人员会签</td><td>建设单位</td><td colspan="3"></td></tr>
<tr><td>设计单位</td><td colspan="3"></td></tr>
<tr><td>施工单位</td><td colspan="3"></td></tr>
<tr><td>监理单位</td><td colspan="3"></td></tr>
<tr><td colspan="5">洽商内容：</td></tr>
</table>

建设单位盖章： 项目负责人： 年　月　日	设计单位盖章： 项目负责人： 年　月　日	监理单位盖章： 总监理工程师： 年　月　日	施工单位盖章： 项目负责人： 年　月　日

附录K 合格证、检（试）验报告汇总

附表K 合格证、检（试）验报告汇总表

工程名称							
序号	名称	规格型号	数量	生产厂家	编号	出厂日期	备注
填表人	共　页第　页						

附录L 设备进场验收记录

附表L 设备进场验收记录表

<table>
<tr><td colspan="2">工程名称</td><td colspan="3"></td></tr>
<tr><td colspan="2">设备名称</td><td></td><td></td><td></td></tr>
<tr><td colspan="2">规格型号</td><td></td><td>进场时间</td><td></td></tr>
<tr><td colspan="2">供货厂家</td><td colspan="3"></td></tr>
<tr><td colspan="5">检查验收情况</td></tr>
<tr><td rowspan="3">材料
设备
外包装</td><td>包装材料</td><td colspan="3"></td></tr>
<tr><td>包装质量</td><td colspan="3"></td></tr>
<tr><td>包装标识</td><td colspan="3"></td></tr>
<tr><td rowspan="6">材料
设备
检测
情况</td><td>项目</td><td></td><td>结果</td><td></td></tr>
<tr><td>项目</td><td></td><td>结果</td><td></td></tr>
<tr><td>项目</td><td></td><td>结果</td><td></td></tr>
<tr><td>项目</td><td></td><td>结果</td><td></td></tr>
<tr><td>项目</td><td></td><td>结果</td><td></td></tr>
<tr><td>项目</td><td></td><td>结果</td><td></td></tr>
<tr><td rowspan="6">随机
技术
资料</td><td>名称</td><td></td><td>数量</td><td></td></tr>
<tr><td>名称</td><td></td><td>数量</td><td></td></tr>
<tr><td>名称</td><td></td><td>数量</td><td></td></tr>
<tr><td>名称</td><td></td><td>数量</td><td></td></tr>
<tr><td>名称</td><td></td><td>数量</td><td></td></tr>
<tr><td>名称</td><td></td><td>数量</td><td></td></tr>
<tr><td rowspan="6">随机
配件
情况</td><td>名称</td><td></td><td>数量</td><td></td></tr>
<tr><td>名称</td><td></td><td>数量</td><td></td></tr>
<tr><td>名称</td><td></td><td>数量</td><td></td></tr>
<tr><td>名称</td><td></td><td>数量</td><td></td></tr>
<tr><td>名称</td><td></td><td>数量</td><td></td></tr>
<tr><td>名称</td><td></td><td>数量</td><td></td></tr>
<tr><td colspan="2">主要设备性能参数</td><td colspan="3"></td></tr>
<tr><td rowspan="4">检查
验收
结论</td><td>建设单位</td><td colspan="3">项目负责人：</td></tr>
<tr><td>监理单位</td><td colspan="3">监理工程师：</td></tr>
<tr><td>施工单位</td><td colspan="3">项目经理：</td></tr>
<tr><td>供货厂家</td><td colspan="3">供货人：</td></tr>
</table>

附录 M　管道、设备强度及严密性试验记录

附表 M　管道、设备强度及严密性试验记录表

<table>
<tr><td>工程名称</td><td colspan="3"></td><td>施工单位</td><td colspan="2"></td></tr>
<tr><td>建设单位</td><td colspan="3"></td><td>分项名称</td><td colspan="2"></td></tr>
<tr><td>图号</td><td colspan="3"></td><td>试验类别</td><td colspan="2"></td></tr>
<tr><td>项目编号</td><td>工作压力
/MPa</td><td>试验压力
/MPa</td><td>持续时间
/min</td><td>实际压降
/MPa</td><td>试验日期</td><td>结论</td></tr>
<tr><td></td><td></td><td></td><td></td><td></td><td></td><td></td></tr>
<tr><td></td><td></td><td></td><td></td><td></td><td></td><td></td></tr>
<tr><td></td><td></td><td></td><td></td><td></td><td></td><td></td></tr>
<tr><td></td><td></td><td></td><td></td><td></td><td></td><td></td></tr>
<tr><td></td><td></td><td></td><td></td><td></td><td></td><td></td></tr>
<tr><td></td><td></td><td></td><td></td><td></td><td></td><td></td></tr>
<tr><td></td><td></td><td></td><td></td><td></td><td></td><td></td></tr>
<tr><td></td><td></td><td></td><td></td><td></td><td></td><td></td></tr>
<tr><td></td><td></td><td></td><td></td><td></td><td></td><td></td></tr>
<tr><td></td><td></td><td></td><td></td><td></td><td></td><td></td></tr>
<tr><td></td><td></td><td></td><td></td><td></td><td></td><td></td></tr>
<tr><td></td><td></td><td></td><td></td><td></td><td></td><td></td></tr>
<tr><td></td><td></td><td></td><td></td><td></td><td></td><td></td></tr>
<tr><td></td><td></td><td></td><td></td><td></td><td></td><td></td></tr>
<tr><td>测试
依据</td><td colspan="6"></td></tr>
<tr><td rowspan="4">施工
单位</td><td>专业负责人</td><td></td><td rowspan="4">监理
（建设）
单位
结论</td><td colspan="3" rowspan="4">监理工程师
（建设单位项目负责人）：
年　月　日</td></tr>
<tr><td>专业技术员</td><td></td></tr>
<tr><td>质量检查员</td><td></td></tr>
<tr><td>测试人</td><td></td></tr>
</table>

附录 N　阀门强度及严密性试验记录

附表 N　阀门强度及严密性试验记录表

<table>
<tr><td colspan="2">工程名称</td><td colspan="2"></td><td>施工单位</td><td colspan="3"></td></tr>
<tr><td colspan="2">建设单位</td><td colspan="2"></td><td>分项名称</td><td colspan="3"></td></tr>
<tr><td colspan="2">图号</td><td colspan="2"></td><td>试验类别</td><td colspan="3"></td></tr>
<tr><td>阀门
类型</td><td>型号
规格</td><td>抽查
数量</td><td>安装部位</td><td>工作压力
/MPa</td><td>试验压力
/MPa</td><td>实际压降
/MPa</td><td>测试日期</td></tr>
<tr><td></td><td></td><td></td><td></td><td></td><td></td><td></td><td></td></tr>
<tr><td></td><td></td><td></td><td></td><td></td><td></td><td></td><td></td></tr>
<tr><td></td><td></td><td></td><td></td><td></td><td></td><td></td><td></td></tr>
<tr><td></td><td></td><td></td><td></td><td></td><td></td><td></td><td></td></tr>
<tr><td></td><td></td><td></td><td></td><td></td><td></td><td></td><td></td></tr>
<tr><td></td><td></td><td></td><td></td><td></td><td></td><td></td><td></td></tr>
<tr><td></td><td></td><td></td><td></td><td></td><td></td><td></td><td></td></tr>
<tr><td></td><td></td><td></td><td></td><td></td><td></td><td></td><td></td></tr>
<tr><td></td><td></td><td></td><td></td><td></td><td></td><td></td><td></td></tr>
<tr><td></td><td></td><td></td><td></td><td></td><td></td><td></td><td></td></tr>
<tr><td></td><td></td><td></td><td></td><td></td><td></td><td></td><td></td></tr>
<tr><td></td><td></td><td></td><td></td><td></td><td></td><td></td><td></td></tr>
<tr><td></td><td></td><td></td><td></td><td></td><td></td><td></td><td></td></tr>
<tr><td></td><td></td><td></td><td></td><td></td><td></td><td></td><td></td></tr>
<tr><td>测试
依据</td><td colspan="7"></td></tr>
<tr><td rowspan="4">施工
单位</td><td>专业负责人</td><td></td><td rowspan="4">监理
（建设）
单位
结论</td><td colspan="4" rowspan="4">监理工程师
（建设单位项目负责人）：
年　月　日</td></tr>
<tr><td>专业技术员</td><td></td></tr>
<tr><td>质量检查员</td><td></td></tr>
<tr><td>测试人</td><td></td></tr>
</table>

附录O 设备隐蔽工程验收记录

附表O 设备隐蔽工程验收记录表

<table>
<tr><td colspan="2">工程名称</td><td colspan="2"></td><td>建设单位</td><td></td></tr>
<tr><td colspan="2">施工单位</td><td colspan="2"></td><td>监理单位</td><td></td></tr>
<tr><td colspan="2">验收部位</td><td colspan="2"></td><td>验收项目</td><td></td></tr>
<tr><td>隐蔽检查内容</td><td colspan="5"></td></tr>
<tr><td>验收意见</td><td colspan="5"></td></tr>
<tr><td rowspan="3">施工单位</td><td>专业负责人</td><td></td><td rowspan="3">建设（监理）单位</td><td colspan="2" rowspan="3">监理工程师
（建设单位项目负责人）：
年 月 日</td></tr>
<tr><td>专业技术员</td><td></td></tr>
<tr><td>质量检查员</td><td></td></tr>
</table>

附录 P　系统清洗试验记录

附表 P　系统清洗试验记录表

<table>
<tr><td colspan="2">工程名称</td><td colspan="2"></td><td>施工单位</td><td></td></tr>
<tr><td colspan="2">建设单位</td><td colspan="2"></td><td>分项名称</td><td></td></tr>
<tr><td colspan="2">图号</td><td colspan="2"></td><td>试验类别</td><td></td></tr>
<tr><td>安装前清除污垢杂物情况</td><td colspan="3"></td><td>饮水管道消毒情况</td><td></td></tr>
<tr><td rowspan="6">安装完毕冲洗除污记录情况</td><td>试验管段</td><td>起止层次</td><td>出现情况</td><td>清除情况</td><td>清洗日期</td></tr>
<tr><td></td><td></td><td></td><td></td><td></td></tr>
<tr><td></td><td></td><td></td><td></td><td></td></tr>
<tr><td></td><td></td><td></td><td></td><td></td></tr>
<tr><td></td><td></td><td></td><td></td><td></td></tr>
<tr><td></td><td></td><td></td><td></td><td></td></tr>
<tr><td>测试依据</td><td colspan="5"></td></tr>
<tr><td rowspan="3">施工单位</td><td>专业负责人</td><td></td><td rowspan="3">监理
（建设）
结论</td><td colspan="2" rowspan="3">监理工程师
（建设单位项目负责人）：
年　月　日</td></tr>
<tr><td>专业技术员</td><td></td></tr>
<tr><td>质量检查员</td><td></td></tr>
</table>

附录 Q　设备专业施工日志

附表 Q　设备专业施工日志

共　页　第　页

<table>
<tr><td>施工单位</td><td colspan="7"></td><td>工程名称</td><td></td></tr>
<tr><td>天气情况</td><td colspan="3"></td><td colspan="2">气温
/℃</td><td colspan="2"></td><td>施工日期</td><td>年　月　日</td></tr>
<tr><td colspan="10">安装情况：</td></tr>
<tr><td colspan="3">质量、安全情况</td><td colspan="7"></td></tr>
<tr><td colspan="3">系统测试情况</td><td colspan="7"></td></tr>
<tr><td colspan="3">设备进、退场情况</td><td colspan="7"></td></tr>
<tr><td colspan="3">停工、加班情况</td><td colspan="7"></td></tr>
<tr><td colspan="3">其他</td><td colspan="7"></td></tr>
<tr><td colspan="9">合计人数</td><td>记录人签名</td></tr>
<tr><td colspan="2">电工</td><td colspan="3">水暖工</td><td colspan="2">焊工</td><td colspan="2">其他工种</td><td rowspan="2"></td></tr>
<tr><td colspan="2"></td><td colspan="3"></td><td colspan="2"></td><td colspan="2"></td></tr>
</table>

注：设备专业施工日志应分专业单独记录。

附录 R 给水管道通水试验记录

附表 R 给水管道通水试验记录表

<table>
<tr><td colspan="2">工程名称</td><td colspan="2"></td><td>建设单位</td><td></td></tr>
<tr><td colspan="2">施工单位</td><td colspan="2"></td><td>监理单位</td><td></td></tr>
<tr><td colspan="2">试验部位</td><td colspan="2"></td><td>通水压力
或流量</td><td>（ ）MPa 或（ ）m^3/h</td></tr>
<tr><td colspan="2">供水方式</td><td colspan="4">正式水源 □ 临时水源 □</td></tr>
<tr><td colspan="6">通水情况：</td></tr>
<tr><td colspan="6">结论：</td></tr>
<tr><td rowspan="3">施工单位</td><td>项目经理</td><td></td><td rowspan="3">监理（建设）单位</td><td colspan="2" rowspan="3">监理工程师
（建设单位专业负责人）：
年 月 日</td></tr>
<tr><td>项目专业负责人</td><td></td></tr>
<tr><td>质量检查员</td><td></td></tr>
</table>

附录 S　消防管道压力试验记录

附表 S　消防管道压力试验记录表

<table>
<tr><td>工程名称</td><td colspan="3"></td><td>建设单位</td><td colspan="2"></td></tr>
<tr><td>监理单位</td><td colspan="3"></td><td>施工单位</td><td colspan="2"></td></tr>
<tr><td>试验项目</td><td colspan="3">消防管道 □　燃气管道 □</td><td>材质规格</td><td colspan="2"></td></tr>
<tr><td rowspan="6">消防管道压力试验值/MPa</td><td>试验部位</td><td>工作压力</td><td>试验压力</td><td>持续时间</td><td colspan="2">试验结果</td></tr>
<tr><td></td><td></td><td></td><td></td><td colspan="2"></td></tr>
<tr><td></td><td></td><td></td><td></td><td colspan="2"></td></tr>
<tr><td></td><td></td><td></td><td></td><td colspan="2"></td></tr>
<tr><td></td><td></td><td></td><td></td><td colspan="2"></td></tr>
<tr><td></td><td></td><td></td><td></td><td colspan="2"></td></tr>
<tr><td rowspan="6">煤气管道压力试验值/MPa</td><td>试验部位</td><td>工作压力</td><td>试验压力</td><td>持续时间</td><td colspan="2">试验结果</td></tr>
<tr><td></td><td></td><td></td><td></td><td colspan="2"></td></tr>
<tr><td></td><td></td><td></td><td></td><td colspan="2"></td></tr>
<tr><td></td><td></td><td></td><td></td><td colspan="2"></td></tr>
<tr><td></td><td></td><td></td><td></td><td colspan="2"></td></tr>
<tr><td></td><td></td><td></td><td></td><td colspan="2"></td></tr>
<tr><td>测试仪器</td><td colspan="3"></td><td>测试人员</td><td></td><td></td></tr>
<tr><td colspan="7">结论：

年　月　日</td></tr>
<tr><td rowspan="3">施工单位</td><td>项目经理</td><td></td><td rowspan="3">监理（建设）单位结论</td><td colspan="3" rowspan="3">监理工程师
（建设单位专业负责人）：
年　月　日</td></tr>
<tr><td>项目专业负责人</td><td></td></tr>
<tr><td>质量检查员</td><td></td></tr>
</table>

附录 T （子）分部工程质量验收记录

附表 T （子）分部工程质量验收记录表

<table>
<tr><td colspan="2">单位（子单位）
工程名称</td><td colspan="2"></td><td>子分部工程
数量</td><td></td><td>分项工程
数量</td><td></td></tr>
<tr><td colspan="2">施工单位</td><td colspan="2"></td><td>项目负责人</td><td></td><td>技术（质量）
负责人</td><td></td></tr>
<tr><td colspan="2">分包单位</td><td colspan="2"></td><td>分包单位
负责人</td><td></td><td>分包内容</td><td></td></tr>
<tr><td>序号</td><td>子分部
工程名称</td><td>分项工程
名称</td><td>检验批
数量</td><td colspan="2">施工单位检查结果</td><td colspan="2">监理单位验收结论</td></tr>
<tr><td>1</td><td></td><td></td><td></td><td colspan="2"></td><td colspan="2"></td></tr>
<tr><td>2</td><td></td><td></td><td></td><td colspan="2"></td><td colspan="2"></td></tr>
<tr><td>3</td><td></td><td></td><td></td><td colspan="2"></td><td colspan="2"></td></tr>
<tr><td>4</td><td></td><td></td><td></td><td colspan="2"></td><td colspan="2"></td></tr>
<tr><td>5</td><td></td><td></td><td></td><td colspan="2"></td><td colspan="2"></td></tr>
<tr><td>6</td><td></td><td></td><td></td><td colspan="2"></td><td colspan="2"></td></tr>
<tr><td></td><td></td><td></td><td></td><td colspan="2"></td><td colspan="2"></td></tr>
<tr><td colspan="4">质量控制资料</td><td colspan="2"></td><td colspan="2"></td></tr>
<tr><td colspan="4">安全和功能检验结果</td><td colspan="2"></td><td colspan="2"></td></tr>
<tr><td colspan="4">观感质量检验结果</td><td colspan="2"></td><td colspan="2"></td></tr>
<tr><td>综合验收结论</td><td colspan="7"></td></tr>
<tr><td colspan="2">施工单位
项目负责人：
年 月 日</td><td colspan="2">勘察单位
项目负责人：
年 月 日</td><td colspan="2">设计单位
项目负责人：
年 月 日</td><td colspan="2">监理单位
总监理工程师：
年 月 日</td></tr>
</table>

注：1. 地基与基础分部工程的验收应由施工、勘察、设计单位项目负责人和总监理工程师参加并签字。

2. 主体结构、节能分部工程的验收应由施工、设计单位项目负责人和总监理工程师参加并签字。

附录 U　单位工程质量竣工验收记录

单位工程质量竣工验收应按附表 U-1 记录，单位工程质量控制资料核查应按附表 U-2 记录，单位工程安全和功能检验资料核查及主要功能抽查应按附表 U-3 记录，单位工程观感质量检查应按附表 U-4 记录。

附表 U-1 中的验收记录由施工单位填写，验收结论由监理单位填写。综合验收结论经参加验收各方共同商定，由建设单位填写，应对工程质量是否符合设计文件和相关标准的规定及总体质量水平做出评价。

附表 U-1　单位工程质量竣工验收记录

<table>
<tr><td colspan="2">工程名称</td><td colspan="2"></td><td colspan="2">结构类型</td><td colspan="2"></td><td colspan="2">层数/
建筑面积</td><td colspan="2"></td></tr>
<tr><td colspan="2">施工单位</td><td colspan="2"></td><td colspan="2">技术负责</td><td colspan="2"></td><td colspan="2">开工日期</td><td colspan="2"></td></tr>
<tr><td colspan="2">项目负责人</td><td colspan="2"></td><td colspan="2">项目技术
负责人</td><td colspan="2"></td><td colspan="2">完工日期</td><td colspan="2"></td></tr>
<tr><td>序号</td><td colspan="3">项目</td><td colspan="4">验收记录</td><td colspan="4">验收结论</td></tr>
<tr><td>1</td><td colspan="3">分部工程验收</td><td colspan="4">共　　分部，经查符合设计及标准规定　　分部</td><td colspan="4"></td></tr>
<tr><td>2</td><td colspan="3">质量控制资料核查</td><td colspan="4">共　　项经核查符合规定　　项</td><td colspan="4"></td></tr>
<tr><td>3</td><td colspan="3">安全和使用功能核查及抽查结果</td><td colspan="4">共核查　　项，符合规定　　项，
共抽查　　项，符合规定　　项，
经返工处理符合规定　　项</td><td colspan="4"></td></tr>
<tr><td>4</td><td colspan="3">观感质量验收</td><td colspan="4">共抽查项，达到“好”和“一般”的　　项，经返修处理符合要求的　　项</td><td colspan="4"></td></tr>
<tr><td colspan="4">综合验收结论</td><td colspan="8"></td></tr>
<tr><td rowspan="2" colspan="2">参加验收单位</td><td colspan="2">建设单位</td><td colspan="2">监理单位</td><td colspan="2">施工单位</td><td colspan="2">设计单位</td><td colspan="2">勘察单位</td></tr>
<tr><td colspan="2">（公章）
项目负责人：
年　月　日</td><td colspan="2">（公章）
总监理工程师：
年　月　日</td><td colspan="2">（公章）
项目负责人：
年　月　日</td><td colspan="2">（公章）
项目负责人：
年　月　日</td><td colspan="2">（公章）
项目负责人：
年　月　日</td></tr>
</table>

注：单位工程验收时，验收签字人员应由相应单位的法人代表书面授权。

附表 U-2　单位工程质量控制资料核查记录

<table>
<tr><td colspan="2">工程名称</td><td colspan="2">施工单位</td><td colspan="4"></td></tr>
<tr><td rowspan="2">序号</td><td rowspan="2">项目</td><td rowspan="2">资料名称</td><td rowspan="2">份数</td><td colspan="2">施工单位</td><td colspan="2">监理单位</td></tr>
<tr><td>核查意见</td><td>核查人</td><td>核查意见</td><td>核查人</td></tr>
<tr><td>1</td><td rowspan="11">建筑与结构</td><td>图纸会审记录、设计变更通知单、工程洽商记录</td><td></td><td></td><td rowspan="11"></td><td></td><td rowspan="11"></td></tr>
<tr><td>2</td><td>工程定位测量、放线记录</td><td></td><td></td><td></td></tr>
<tr><td>3</td><td>原材料出厂合格证书及进场检验、试验报告</td><td></td><td></td><td></td></tr>
<tr><td>4</td><td>施工试验报告及见证检测报告</td><td></td><td></td><td></td></tr>
<tr><td>5</td><td>隐蔽工程验收记录</td><td></td><td></td><td></td></tr>
<tr><td>6</td><td>施工记录</td><td></td><td></td><td></td></tr>
<tr><td>7</td><td>地基、基础、主体结构检验及抽样检测资料</td><td></td><td></td><td></td></tr>
<tr><td>8</td><td>分项、分部工程质量验收记录</td><td></td><td></td><td></td></tr>
<tr><td>9</td><td>工程质量事故调查处理资料</td><td></td><td></td><td></td></tr>
<tr><td>10</td><td>新技术论证、备案及施工记录</td><td></td><td></td><td></td></tr>
<tr><td>11</td><td></td><td></td><td></td><td></td></tr>
<tr><td>1</td><td rowspan="9">给水排水与供暖</td><td>图纸会审记录、设计变更通知单、工程洽商记录</td><td></td><td></td><td rowspan="9"></td><td></td><td rowspan="9"></td></tr>
<tr><td>2</td><td>原材料出厂合格证书及进场检验、试验报告</td><td></td><td></td><td></td></tr>
<tr><td>3</td><td>管道、设备强度试验、严密性试验记录</td><td></td><td></td><td></td></tr>
<tr><td>4</td><td>隐蔽工程验收记录</td><td></td><td></td><td></td></tr>
<tr><td>5</td><td>系统清洗、灌水、通水、通球试验记录</td><td></td><td></td><td></td></tr>
<tr><td>6</td><td>施工记录</td><td></td><td></td><td></td></tr>
<tr><td>7</td><td>分项、分部工程质量验收记录</td><td></td><td></td><td></td></tr>
<tr><td>8</td><td>新技术论证、备案及施工记录</td><td></td><td></td><td></td></tr>
<tr><td>9</td><td></td><td></td><td></td><td></td></tr>
</table>

续表

工程名称		施工单位					
序号	项目	资料名称	份数	施工单位		监理单位	
				核查意见	核查人	核查意见	核查人
1	通风与空调	图纸会审记录、设计变更通知单、工程洽商记录					
2		原材料出厂合格证书及进场检验、试验报告					
3		制冷、空调、水管道强度试验、严密性试验记录					
4		隐蔽工程验收记录					
5		制冷设备运行调试记录					
6		通风、空调系统调试记录					
7		施工记录					
8		分项、分部工程质量验收记录					
9		新技术论证、备案及施工记录					
10							
1	建筑电气	图纸会审记录，设计变更通知单、工程洽商记录					
2		原材料出厂合格证书及进场检验、试验报告					
3		设备调试记录					
4		接地、绝缘电阻测试记录					
5		隐蔽工程验收记录					
6		施工记录					
7		分项、分部工程质量验收记录					
8		新技术论证、备案及施工记录					
9							

续表

工程名称		施工单位					
序号	项目	资料名称	份数	施工单位		监理单位	
				核查意见	核查人	核查意见	核查人
1	建筑智能化	图纸会审记录、设计变更通知单、工程洽商记录					
2		原材料出厂合格证书及进场检验、试验报告					
3		隐蔽工程验收记录					
4		施工记录					
5		系统功能测定及设备调试记录					
6		系统技术、操作和维护手册					
7		系统管理、操作人员培训记录					
8		系统检测报告					
9		分项、分部工程质量验收记录					
10		新技术论证、备案及施工记录					
11							
1	建筑节能	图纸会审记录，设计变更通知单、工程洽商记录					
2		原材料出厂合格证书及进场检验、试验报告					
3		隐蔽工程验收记录					
4		施工记录					
5		外墙、外窗节能检验报告					
6		设备系统节能检测报告					
7		分项、分部工程质量验收记录					
8		新技术论证、备案及施工记录					
9							

续表

工程名称		施工单位					
序号	项目	资料名称	份数	施工单位		监理单位	
				核查意见	核查人	核查意见	核查人
1	电梯	图纸会审记录、设计变更通知单、工程洽商记录					
2		设备出厂合格证书及开箱检验记录					
3		隐蔽工程验收记录					
4		施工记录					
5		接地、绝缘电阻试验记录					
6		负荷试验、安全装置检查记录					
7		分项、分部工程质量验收记录					
8		新技术论证、备案及施工记录					
9							

结论：

施工单位项目负责人：　　　　总监理工程师：

年　月　日　　　　年　月　日

附表 U-3　单位工程安全和功能检验资料核查及主要功能抽查记录

工程名称			施工单位			
序号	项目	安全和功能检查项目	份数	核查意见	抽查结果	核查（抽查）人
1	建筑与结构	地基承载力检验报告				
2		桩基承载力检验报告				
3		混凝土强度试验报告				
4		砂浆强度试验报告				
5		主体结构尺寸、位置抽查记录				
6		建筑物垂直度、标高、全高测量记录				
7		屋面淋水或蓄水试验记录				
8		地下室渗漏水检测记录				
9		有防水要求的地面蓄水试验记录				
10		抽气（风）道检查记录				
11		外窗气密性、水密性、耐风压检测报告				
12		幕墙气密性、水密性、耐风压检测报告				
13		建筑物沉降观测测量记录				
14		节能、保温测试记录				
15		室内环境检测报告				
16		土壤氡气浓度检测报告				
17						

续表

<table>
<tr><td>工程名称</td><td colspan="2"></td><td>施工单位</td><td colspan="4"></td></tr>
<tr><td>序号</td><td>项目</td><td colspan="2">安全和功能检查项目</td><td>份数</td><td>核查意见</td><td>抽查结果</td><td>核查（抽查）人</td></tr>
<tr><td>1</td><td rowspan="6">给排水与供暖</td><td colspan="2">给水管道通水试验记录</td><td></td><td></td><td></td><td rowspan="6"></td></tr>
<tr><td>2</td><td colspan="2">暖气管道、散热器压力试验记录</td><td></td><td></td><td></td></tr>
<tr><td>3</td><td colspan="2">卫生器具满水试验记录</td><td></td><td></td><td></td></tr>
<tr><td>4</td><td colspan="2">消防管道、燃气管道压力试验记录</td><td></td><td></td><td></td></tr>
<tr><td>5</td><td colspan="2">排水干管通球试验记录</td><td></td><td></td><td></td></tr>
<tr><td>6</td><td colspan="2"></td><td></td><td></td><td></td></tr>
<tr><td>1</td><td rowspan="6">通风与空调</td><td colspan="2">通风、空调系统试运行记录</td><td></td><td></td><td></td><td rowspan="6"></td></tr>
<tr><td>2</td><td colspan="2">风量、温度测试记录</td><td></td><td></td><td></td></tr>
<tr><td>3</td><td colspan="2">空气能量回收装置测试记录</td><td></td><td></td><td></td></tr>
<tr><td>4</td><td colspan="2">洁净室洁净度测试记录</td><td></td><td></td><td></td></tr>
<tr><td>5</td><td colspan="2">制冷机组试运行调试记录</td><td></td><td></td><td></td></tr>
<tr><td>6</td><td colspan="2"></td><td></td><td></td><td></td></tr>
<tr><td>1</td><td rowspan="5">电气</td><td colspan="2">照明全负荷试验记录</td><td></td><td></td><td></td><td rowspan="5"></td></tr>
<tr><td>2</td><td colspan="2">大型灯具牢固性试验记录</td><td></td><td></td><td></td></tr>
<tr><td>3</td><td colspan="2">避雷接地电阻测试记录</td><td></td><td></td><td></td></tr>
<tr><td>4</td><td colspan="2">线路、插座、开关接地检验记录</td><td></td><td></td><td></td></tr>
<tr><td>5</td><td colspan="2"></td><td></td><td></td><td></td></tr>
<tr><td>1</td><td rowspan="3">智能建筑</td><td colspan="2">系统试运行记录</td><td></td><td></td><td></td><td rowspan="3"></td></tr>
<tr><td>2</td><td colspan="2">系统电源及接地检测报告</td><td></td><td></td><td></td></tr>
<tr><td>3</td><td colspan="2"></td><td></td><td></td><td></td></tr>
<tr><td>1</td><td rowspan="3">建筑节能</td><td colspan="2">外墙节能构造检查记录或热工性能检验报告</td><td></td><td></td><td></td><td rowspan="3"></td></tr>
<tr><td>2</td><td colspan="2">设备系统节能性能检查记录</td><td></td><td></td><td></td></tr>
<tr><td>3</td><td colspan="2"></td><td></td><td></td><td></td></tr>
<tr><td>1</td><td rowspan="3">电梯</td><td colspan="2">运行记录</td><td></td><td></td><td></td><td rowspan="3"></td></tr>
<tr><td>2</td><td colspan="2">安全装置检测报告</td><td></td><td></td><td></td></tr>
<tr><td>3</td><td colspan="2"></td><td></td><td></td><td></td></tr>
<tr><td colspan="8">结论：
施工单位项目负责人：　　　　　　　　　　总监理工程师：
年　月　日　　　　　　　　　　　　　　　　年　月　日</td></tr>
</table>

注：抽查项目由验收组协商确定。

附表 U-4　单位工程观感质量检查记录

工程名称			施工单位	
序号	项目		抽查质量状况	质量评价
1	建筑与结构	主体结构外观	共检查　点，好　点，一般　点，差　点	
2		室外墙面	共检查　点，好　点，一般　点，差　点	
3		变形缝、雨水管	共检查　点，好　点，一般　点，差　点	
4		屋面	共检查　点，好　点，一般　点，差　点	
5		室内墙面	共检查　点，好　点，一般　点，差　点	
6		室内顶棚	共检查　点，好　点，一般　点，差　点	
7		室内地面	共检查　点，好　点，一般　点，差　点	
8		楼梯、踏步、护栏	共检查　点，好　点，一般　点，差　点	
9		门窗	共检查　点，好　点，一般　点，差　点	
10		雨罩、台阶、坡道、散水	共检查　点，好　点，一般　点，差　点	
1	给排水与供暖	管道接口、坡度、支架	共检查　点，好　点，一般　点，差　点	
2		卫生器具、支架、阀门	共检查　点，好　点，一般　点，差　点	
3		检查口、扫除口、地漏	共检查　点，好　点，一般　点，差　点	
4		散热器、支架	共检查　点，好　点，一般　点，差　点	
1	通风与空调	风管、支架	共检查　点，好　点，一般　点，差　点	
2		风口、风阀	共检查　点，好　点，一般　点，差　点	
3		风机、空调设备	共检查　点，好　点，一般　点，差　点	
4		阀门、支架	共检查　点，好　点，一般　点，差　点	
5		水泵、冷却塔	共检查　点，好　点，一般　点，差　点	
6		绝热	共检查　点，好　点，一般　点，差　点	
1	建筑电气	配电箱、盘、板、接线盒	共检查　点，好　点，一般　点，差　点	
2		设备器具、开关、插座	共检查　点，好　点，一般　点，差　点	
3		防雷、接地、防火	共检查　点，好　点，一般　点，差　点	

续表

<table>
<tr><td>工程名称</td><td colspan="3"></td><td>施工单位</td><td></td></tr>
<tr><td>序号</td><td colspan="2">项目</td><td colspan="2">抽查质量状况</td><td>质量评价</td></tr>
<tr><td>1</td><td rowspan="3">智能建筑</td><td>机房设备安装及布局</td><td colspan="2">共检查　点，好　点，一般　点，差　点</td><td></td></tr>
<tr><td>2</td><td>现场设备安装</td><td colspan="2">共检查　点，好　点，一般　点，差　点</td><td></td></tr>
<tr><td></td><td colspan="4"></td></tr>
<tr><td>1</td><td rowspan="4">电梯</td><td>运行、平层、开关门</td><td colspan="2">共检查　点，好　点，一般　点，差　点</td><td></td></tr>
<tr><td>2</td><td>层门、信号系统</td><td colspan="2">共检查　点，好　点，一般　点，差　点</td><td></td></tr>
<tr><td>3</td><td>机房</td><td colspan="2">共检查　点，好　点，一般　点，差　点</td><td></td></tr>
<tr><td></td><td colspan="4"></td></tr>
<tr><td colspan="3">观感质量综合评价</td><td colspan="2"></td><td></td></tr>
<tr><td colspan="6">结论：
施工单位项目负责人：　　　　　　　　总监理工程师：
年　月　日　　　　　　　　　　　　　年　月　日</td></tr>
</table>

注：1. 对质量评价为差的项目应进行返修；

2. 观感质量现场检查原始记录应作为本表附件。

附录 V 灌水试验记录

附表 V 灌水试验记录表

<table>
<tr><td colspan="2">工程名称</td><td colspan="3"></td><td>施工单位</td><td></td></tr>
<tr><td colspan="2">分项名称</td><td colspan="3"></td><td>建设单位</td><td></td></tr>
<tr><td rowspan="17">灌水试验内容</td><td rowspan="2">试验管段</td><td rowspan="2">灌水高度</td><td colspan="2">持续时间/min</td><td rowspan="2">结果</td><td rowspan="2">日期</td></tr>
<tr><td>浸泡时间</td><td>观察时间</td></tr>
<tr><td></td><td></td><td></td><td></td><td></td><td></td></tr>
<tr><td></td><td></td><td></td><td></td><td></td><td></td></tr>
<tr><td></td><td></td><td></td><td></td><td></td><td></td></tr>
<tr><td></td><td></td><td></td><td></td><td></td><td></td></tr>
<tr><td></td><td></td><td></td><td></td><td></td><td></td></tr>
<tr><td></td><td></td><td></td><td></td><td></td><td></td></tr>
<tr><td></td><td></td><td></td><td></td><td></td><td></td></tr>
<tr><td></td><td></td><td></td><td></td><td></td><td></td></tr>
<tr><td></td><td></td><td></td><td></td><td></td><td></td></tr>
<tr><td></td><td></td><td></td><td></td><td></td><td></td></tr>
<tr><td></td><td></td><td></td><td></td><td></td><td></td></tr>
<tr><td></td><td></td><td></td><td></td><td></td><td></td></tr>
<tr><td></td><td></td><td></td><td></td><td></td><td></td></tr>
<tr><td></td><td></td><td></td><td></td><td></td><td></td></tr>
<tr><td></td><td></td><td></td><td></td><td></td><td></td></tr>
<tr><td>测试依据</td><td colspan="6"></td></tr>
<tr><td rowspan="3">施工单位</td><td>项目经理</td><td></td><td rowspan="3">监理（建设）单位结论</td><td colspan="3" rowspan="3">监理工程师
（建设单位专业负责人）：
年 月 日</td></tr>
<tr><td>项目专业负责人</td><td></td></tr>
<tr><td>质量检查员</td><td></td></tr>
</table>

附录 W　排水管道通水试验记录

附表 W　排水管道通水试验记录表

<table>
<tr><td>工程名称</td><td colspan="3"></td><td colspan="2">施工单位</td><td></td></tr>
<tr><td>分项名称</td><td colspan="3"></td><td colspan="2">建设单位</td><td></td></tr>
<tr><td rowspan="14">通水试验内容</td><td>试验管段</td><td>通水时间</td><td colspan="2">配水点开放数量/%</td><td>结果</td><td>试验日期</td></tr>
<tr><td></td><td></td><td></td><td></td><td></td><td></td></tr>
<tr><td></td><td></td><td></td><td></td><td></td><td></td></tr>
<tr><td></td><td></td><td></td><td></td><td></td><td></td></tr>
<tr><td></td><td></td><td></td><td></td><td></td><td></td></tr>
<tr><td></td><td></td><td></td><td></td><td></td><td></td></tr>
<tr><td></td><td></td><td></td><td></td><td></td><td></td></tr>
<tr><td></td><td></td><td></td><td></td><td></td><td></td></tr>
<tr><td></td><td></td><td></td><td></td><td></td><td></td></tr>
<tr><td></td><td></td><td></td><td></td><td></td><td></td></tr>
<tr><td></td><td></td><td></td><td></td><td></td><td></td></tr>
<tr><td></td><td></td><td></td><td></td><td></td><td></td></tr>
<tr><td></td><td></td><td></td><td></td><td></td><td></td></tr>
<tr><td></td><td></td><td></td><td></td><td></td><td></td></tr>
<tr><td>测试依据</td><td colspan="6"></td></tr>
<tr><td>检查结论</td><td colspan="6"></td></tr>
<tr><td rowspan="3">施工单位</td><td>项目经理</td><td></td><td rowspan="3">监理（建设）单位结论</td><td colspan="3" rowspan="3">监理工程师
（建设单位专业负责人）：
年　月　日</td></tr>
<tr><td>项目专业负责人</td><td></td></tr>
<tr><td>质量检查员</td><td></td></tr>
</table>

附录 X　排水管道通球试验记录

附表 X　排水管道通球试验记录表

<table>
<tr><td>工程名称</td><td colspan="3"></td><td>施工单位</td><td colspan="3"></td></tr>
<tr><td>分项名称</td><td colspan="3"></td><td>管道材质</td><td colspan="3"></td></tr>
<tr><td>球外径</td><td colspan="2" rowspan="2">立管根数</td><td>合计</td><td>2in[①]</td><td>3in</td><td>4in</td><td>6in</td></tr>
<tr><td></td><td></td><td></td><td></td><td></td><td></td></tr>
<tr><td>立管编号</td><td>管径</td><td>试验情况</td><td>试验日期</td><td>立管编号</td><td>管径</td><td>试验情况</td><td>试验日期</td></tr>
<tr><td></td><td></td><td></td><td></td><td></td><td></td><td></td><td></td></tr>
<tr><td></td><td></td><td></td><td></td><td></td><td></td><td></td><td></td></tr>
<tr><td></td><td></td><td></td><td></td><td></td><td></td><td></td><td></td></tr>
<tr><td></td><td></td><td></td><td></td><td></td><td></td><td></td><td></td></tr>
<tr><td></td><td></td><td></td><td></td><td></td><td></td><td></td><td></td></tr>
<tr><td></td><td></td><td></td><td></td><td></td><td></td><td></td><td></td></tr>
<tr><td></td><td></td><td></td><td></td><td></td><td></td><td></td><td></td></tr>
<tr><td></td><td></td><td></td><td></td><td></td><td></td><td></td><td></td></tr>
<tr><td></td><td></td><td></td><td></td><td></td><td></td><td></td><td></td></tr>
<tr><td></td><td></td><td></td><td></td><td></td><td></td><td></td><td></td></tr>
<tr><td>通球试验</td><td colspan="2">根</td><td>顺利通球</td><td colspan="2">根</td><td>通球率</td><td>%</td></tr>
<tr><td>试验（处理）情况</td><td colspan="7">

年　月　日</td></tr>
<tr><td rowspan="3">施工单位</td><td>项目经理</td><td></td><td rowspan="3">监理（建设）单位结论</td><td colspan="4" rowspan="3">监理工程师
（建设单位专业负责人）：
年　月　日</td></tr>
<tr><td>项目专业负责人</td><td></td></tr>
<tr><td>质量检查员</td><td></td></tr>
</table>

①1 in=0.0254 m。

附录 Y　卫生器具满水试验记录

附表 Y　卫生器具满水试验记录表

<table>
<tr><td colspan="2">工程名称</td><td colspan="2"></td><td>建设单位</td><td colspan="2"></td></tr>
<tr><td colspan="2">施工单位</td><td colspan="2"></td><td>监理单位</td><td colspan="2"></td></tr>
<tr><td colspan="2">试验部位</td><td colspan="2"></td><td>试验人员</td><td colspan="2"></td></tr>
<tr><td colspan="3">卫生器具</td><td colspan="4">满水试验内容</td></tr>
<tr><td>序号</td><td colspan="2">试验项目</td><td>满水试验情况</td><td>试验日期</td><td colspan="2">整改日期</td></tr>
<tr><td>1</td><td colspan="2">污水盆</td><td></td><td></td><td colspan="2"></td></tr>
<tr><td>2</td><td colspan="2">洗涤盆</td><td></td><td></td><td colspan="2"></td></tr>
<tr><td>3</td><td colspan="2">洗脸（手）盆</td><td></td><td></td><td colspan="2"></td></tr>
<tr><td>4</td><td colspan="2">盥洗槽</td><td></td><td></td><td colspan="2"></td></tr>
<tr><td>5</td><td colspan="2">浴盆</td><td></td><td></td><td colspan="2"></td></tr>
<tr><td>6</td><td colspan="2">淋浴器</td><td></td><td></td><td colspan="2"></td></tr>
<tr><td>7</td><td colspan="2">大便器</td><td></td><td></td><td colspan="2"></td></tr>
<tr><td>8</td><td colspan="2">小便器</td><td></td><td></td><td colspan="2"></td></tr>
<tr><td>&</td><td colspan="2">小便槽</td><td></td><td></td><td colspan="2"></td></tr>
<tr><td>10</td><td colspan="2">大便冲洗槽</td><td></td><td></td><td colspan="2"></td></tr>
<tr><td>11</td><td colspan="2">妇女卫生盆</td><td></td><td></td><td colspan="2"></td></tr>
<tr><td>12</td><td colspan="2">排水栓</td><td></td><td></td><td colspan="2"></td></tr>
<tr><td>13</td><td colspan="2">地漏</td><td></td><td></td><td colspan="2"></td></tr>
<tr><td>14</td><td colspan="2">加热器</td><td></td><td></td><td colspan="2"></td></tr>
<tr><td>15</td><td colspan="2">煮沸消毒器</td><td></td><td></td><td colspan="2"></td></tr>
<tr><td>16</td><td colspan="2">饮水器</td><td></td><td></td><td colspan="2"></td></tr>
<tr><td colspan="7">结论：</td></tr>
<tr><td rowspan="3">施工单位</td><td>项目经理</td><td></td><td rowspan="3" colspan="2">监理（建设）单位结论</td><td rowspan="3" colspan="2">监理工程师
（建设单位专业负责人）：
年　月　日</td></tr>
<tr><td>项目专业负责人</td><td></td></tr>
<tr><td>质量检查员</td><td></td></tr>
</table>

附录Z　排水干管通球试验记录

附表Z　排水干管通球试验记录表

工程名称				施工单位			
分项名称				管道材质			
球外径	管道根数		合计	2in①	3in	4in	6in
管道编号	管径	试验情况	试验日期	管道编号	管径	试验情况	试验日期
通球试验共	根		顺利通球共	根		通球率	%
试验结果及堵塞处理	年　月　日						
备注							
施工单位	项目经理		监理（建设）单位结论	监理工程师（建设单位专业负责人）：年　月　日			
	项目专业负责人						
	质量检查员						

①1 in=0.0254 m。

参考文献

[1] 汤万龙. 建筑给水排水系统安装 [M]. 2版. 北京：机械工业出版社，2015.

[2] 北京建工培训中心. 给排水及建筑设备安装工程 [M]. 北京：中国建筑工业出版社，2012.

[3] 贾永康. 供热通风与空调工程施工技术 [M]. 2版. 北京：机械工业出版社，2016.

[4] 常澄. 建筑设备 [M]. 北京：机械工业出版社，2018.

[5] 王岑元，王尧飞. 建筑装饰装修工程水电安装 [M]. 2版. 北京：化学工业出版社，2015.

[6] 刘福玲. 建筑设备 [M]. 北京：机械工业出版社，2014.

[7] 陈送财，李杨. 建筑给排水 [M]. 2版. 北京：机械工业出版社，2018.